Magische Fraktale in 3D

MEHR ALS 150 DREIDIMENSIONALE FRAKTALE KUNSTWERKE

CLIFFORD A. PICKOVER,
Autor von *Das Mathebuch*

Übersetzt von Wolfgang Volk

Librero

Die englische Originalausgabe erschien 2015 unter dem Titel *Fractal 3D Magic*

Postbus 72, 5330 AB Kerkdriel, Niederlande

Diese Ausgabe entstand in Zusammenarbeit mit Sterling Publishing Co., Inc.,
1166 Avenue of the Americas 17th Floor, New York, NY 10036

Aus dem Englischen übersetzt von
Wolfgang Volk, Berlin

Lektorat der deutschsprachigen Ausgabe
Jost Söhler, Emden

Satz und Koordination der deutschsprachigen Ausgabe
Oscar Zoetman, iMport/eXport, Emden

Printed in China

ISBN 978-90-8998-613-9

Inhalt

Einführung: Was ist ein Fraktal?

Heutzutage sind per Computer erzeugte Darstellungen von Fraktalen überall zu finden. Von verschnörkelten Entwürfen auf Postern mit Mitteln der sogenannten Digitalen Kunst bis zu Illustrationen in den seriösesten Physik-Zeitschriften, das Interesse wächst weiter unter Wissenschaftlern und – überraschenderweise – Künstlern und Designern. Das Wort Fraktal wurde 1975 vom Mathematiker Benoît Mandelbrot geprägt, um verwickelt aussehende Gebilde zu beschreiben. Die Präsentation vieler von ihnen wäre ohne Computer und deren Fähigkeit, schnell umfangreiche Berechnungen anzustellen, nicht möglich. Fraktale zeigen oft Selbstähnlichkeit, was bedeutet, dass exakte oder ähnliche Kopien der Figur sich in verkleinertem Maßstab in der Figur selbst wiederfinden, Details also immer wieder auftauchen wie eine endlose Verschachtelung russischer Matrjoschka-Puppen. Manche dieser Formen existieren nur in abstrakten geometrischen Räumen, andere aber können als Modell für komplexe natürliche Objekte wie Küstenlinien und verzweigte Blutgefäße dienen. Diese herrlichen Computergrafiken können berauschen, sie motivieren das Schülerinteresse für Mathematik mehr als jede andere mathematische Entdeckung des letzten Jahrhunderts.

Physiker sind an Fraktalen interessiert, da sie das chaotische Verhalten von realen Phänomenen wie Planetenbewegung, Bewegung von Flüssigkeiten, die Diffusion von Medikamenten, das Verhalten interindustrieller Beziehungen und die Vibration von Flugzeugflügeln beschreiben können. (Chaotisches Verhalten erzeugt oft fraktale Muster.) Üblicherweise suchen Physiker und Mathematiker bei komplizierten Ergebnissen nach komplizierten Ursachen. Im Gegensatz dazu offenbaren viele fraktale Gebilde ihr fantastisches komplexes Verhalten auf der Grundlage einfachster Formeln.

Zu den frühen Erforschern fraktaler Objekte zählen Karl Weierstraß, der 1872 Funktionen untersuchte, die überall stetig, aber nirgends differenzierbar sind, und Helge von Koch, der 1904 geometrische Formen wie die nach ihm benannte Koch'sche Schneeflocke betrachtete. Im 19. und frühen 20. Jahrhundert untersuchten mehrere Mathematiker Fraktale in der komplexen Ebene, wenn sie diese Objekte auch nicht völlig zu würdigen oder ohne die Hilfe von Computern zu visualisieren wussten.[1]

Clifford A. Pickover

Yorktown Heights, NY

Klassifikation von Fraktalen

Mandelbrot-Menge

David Darling schreibt, dass die Mandelbrot-Menge[2] das „bekannteste Fraktal und eines der schönsten mathematischen Objekte" sei. Arthur C. Clarke betont die Nützlichkeit des Computers um Einsicht zu gewinnen: „Im Prinzip hätte [die Mandelbrot-Menge] entdeckt werden können, sobald der Mensch zählen konnte. Aber auch wenn sie nie müde geworden wären und nie einen Fehler gemacht hätten, hätte alles menschliche Sein bislang nicht ausgereicht, die elementaren arithmetischen Berechnungen durchzuführen, um eine Mandelbrot-Menge auch in bescheidener Auflösung zu erzeugen."

Die Mandelbrot-Menge ist ein Fraktal, ein Objekt, das immer wieder ähnlich strukturierte Details zeigt, unabhängig davon, welche Randpartie vergrößert wird. Denken Sie an die schönen Gebilde, welche durch wiederholte Anwendung einer Abbildungsvorschrift entstehen. Tatsächlich wird diese Menge durch Iteration oder wiederholte Anwendung der sehr einfachen Formel $z_{n+1} = z_n^2 + c$ für komplexe Werte für z_n und c mit dem Startwert $z_0 = 0$ erzeugt. Die Menge enthält dann alle Punkte c, für welche die Formel keine ins Unendliche divergierende Folge erzeugt. Das erste grobe Bild der Mandelbrot-Menge wurde 1978 durch Robert Brooks und Peter Mateski gezeichnet. 1980 folgte der Aufsatz von Mandelbrot über die fraktalen Aspekte, der als Markstein gilt.

Die Struktur der Mandelbrot-Menge enthält dünnste Spiralen und kräuselnde Pfade, welche unendlich viele Inseln verbinden. Digi-

tale Vergrößerungen der Mandelbrot-Menge liefern auf einfache Weise erstaunliche Bilder. Die Vielfalt der Mandelbrot-Menge verführt die Autoren Tim Wegner und Mark Peterson zu der Bemerkung: „Sie könnten von einem Unternehmen gehört haben, welches gegen Gebühr Sterne nach Ihnen benennt und in einem Buch dokumentiert. Denkbar, dass dies auch bald mit der Mandelbrot-Menge getan wird!“[3]

Eine Anzahl von Computerprogrammen erlaubt es uns nun, betörende Kunstwerke auf Basis der Mandelbrot-Menge zu schaffen. FractalWorks[4], zum Beispiel, beginnt mit der Basis-Mandelbrot-Struktur und kann dann aus Iterationsdaten eindrucksvolle 3D-Darstellungen erzeugen. Ein Histogramm bezüglich der Anzahl durchgeführter Iterationen kann für die Farbzuordnung verwendet werden, indem Farbschemata erzeugt werden, welche zur Erzeugung von lebendigen fraktalen Blumen oder fremden Landschaften beitragen, wie auf den folgenden Seiten gezeigt wird.

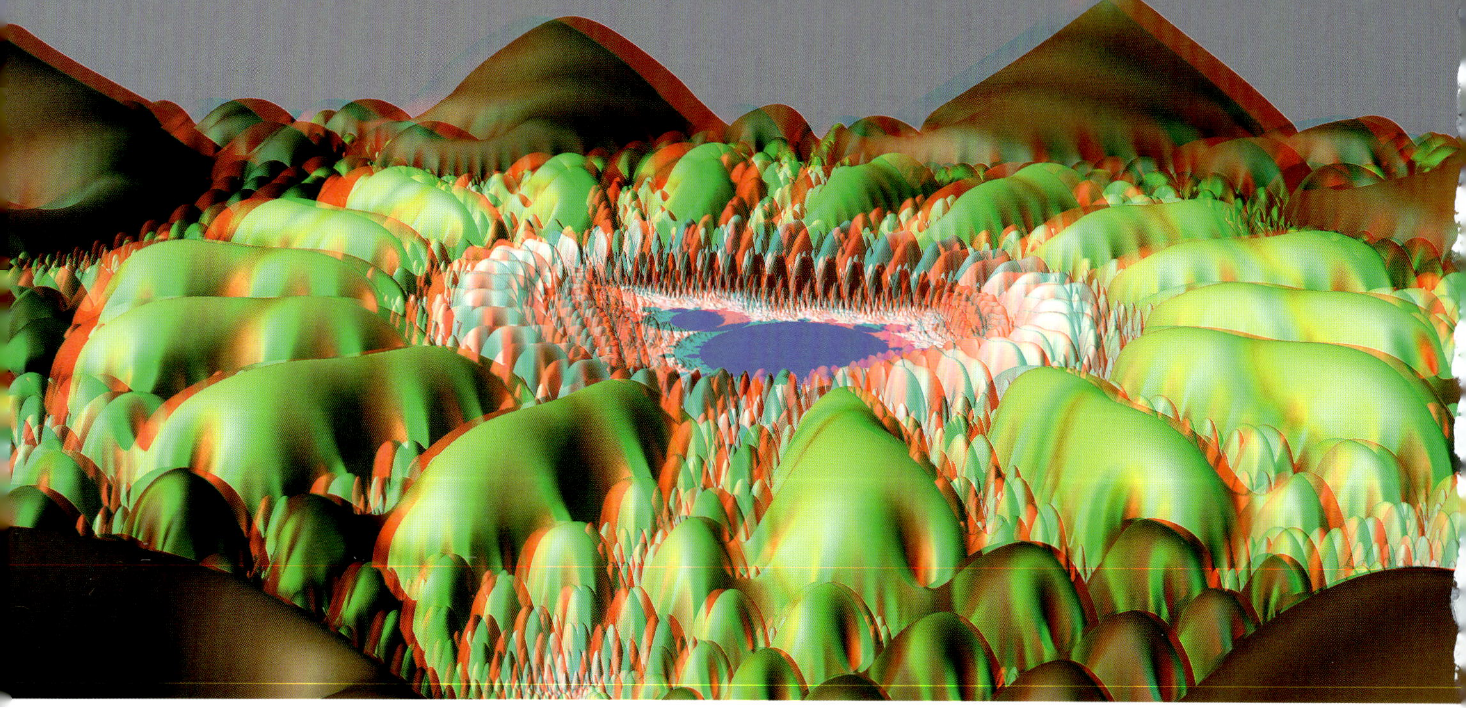
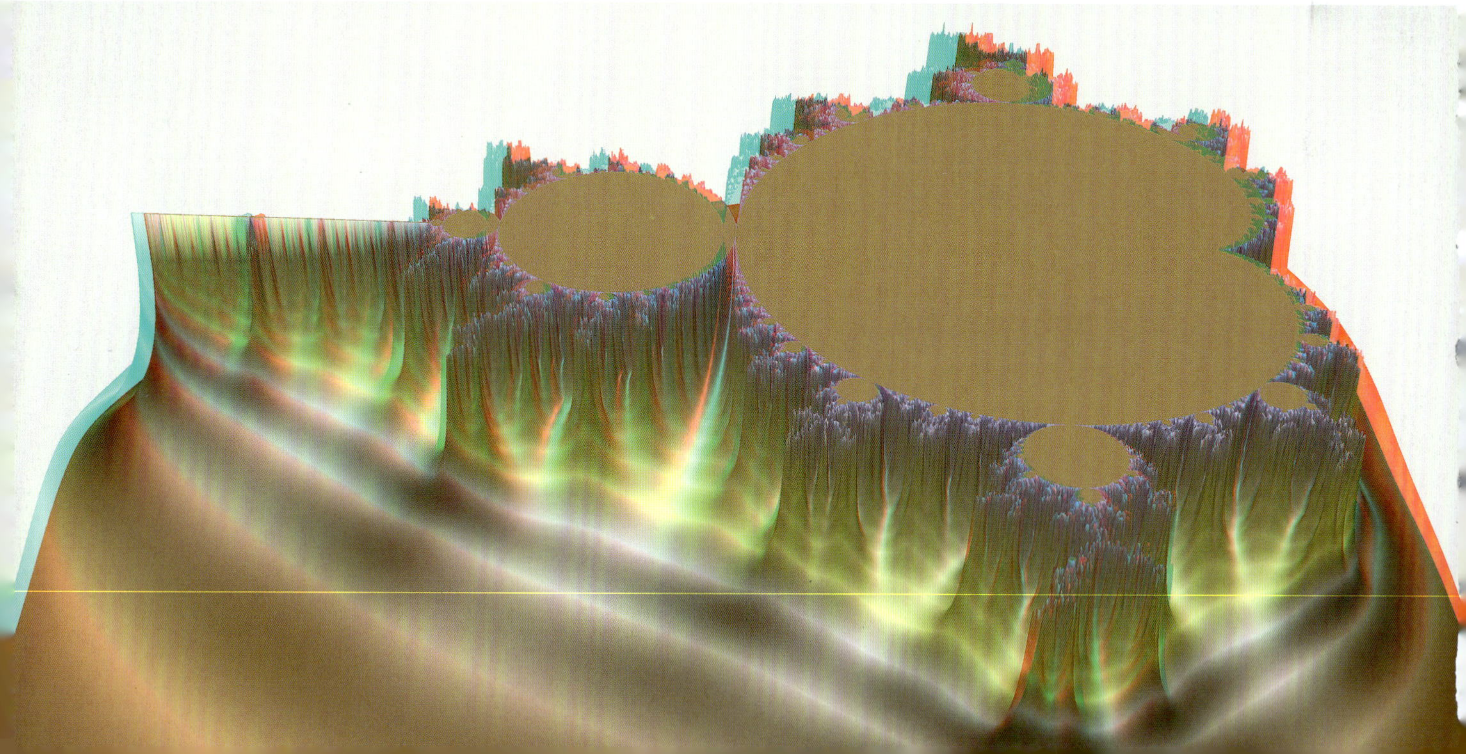

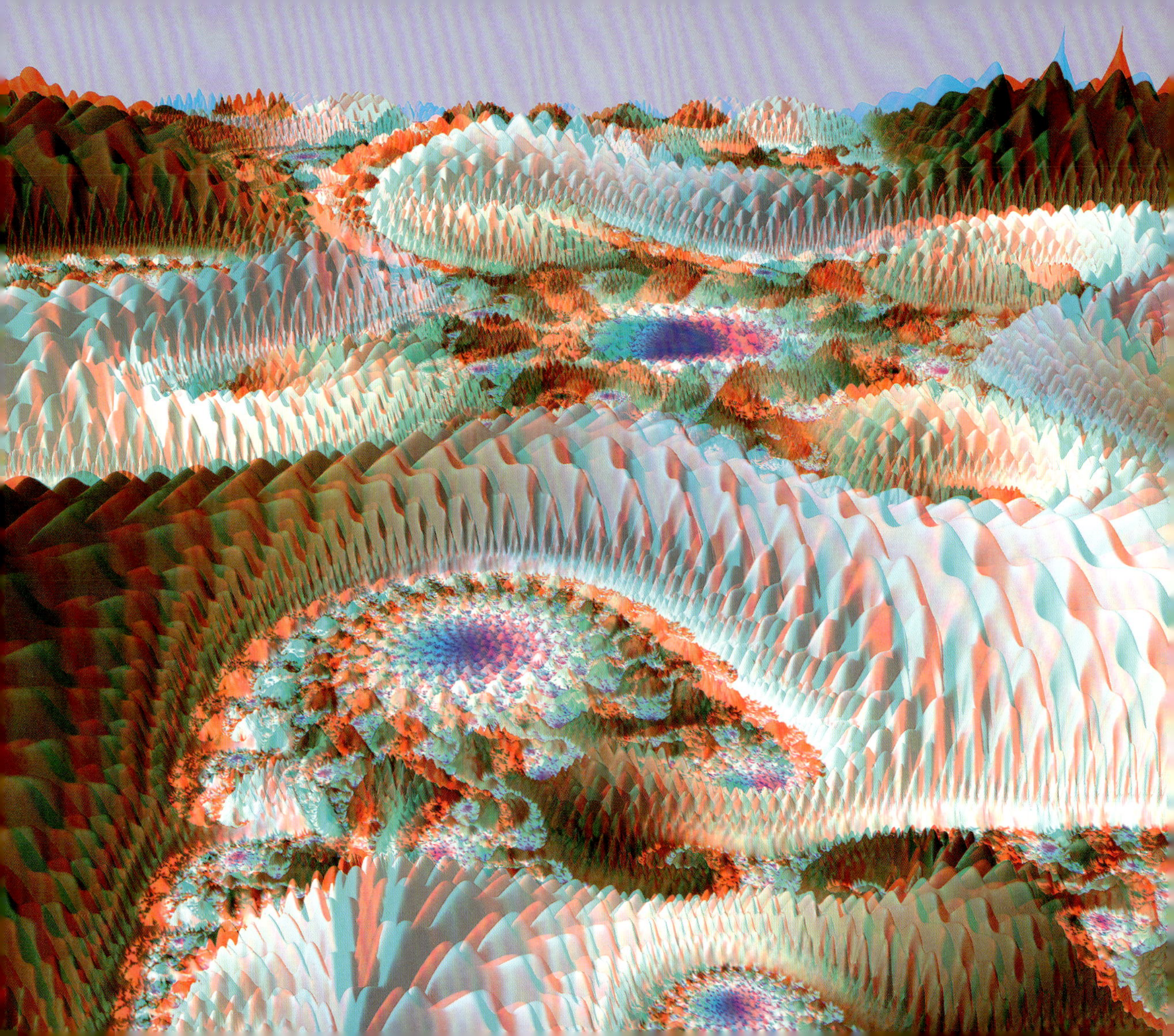

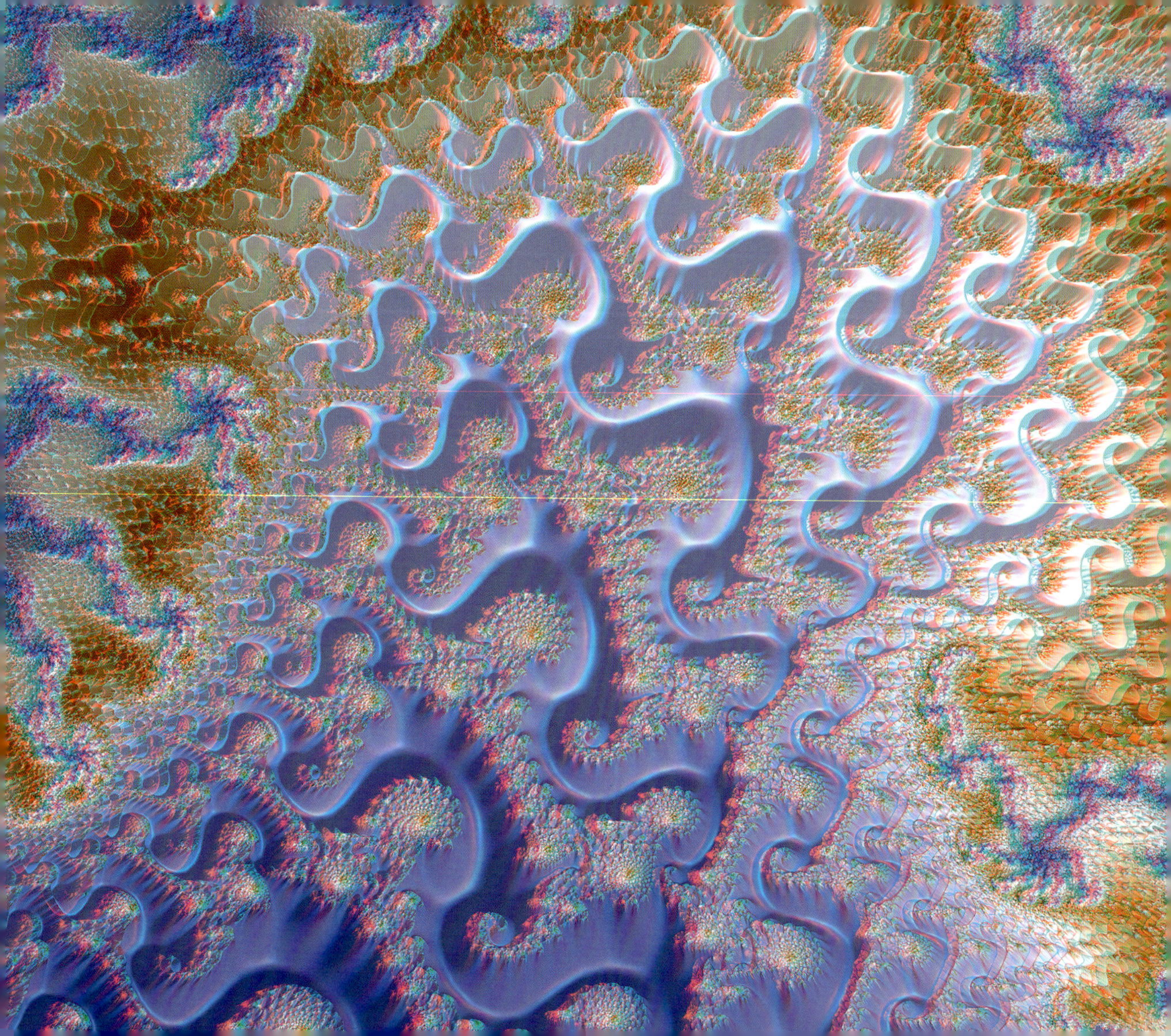

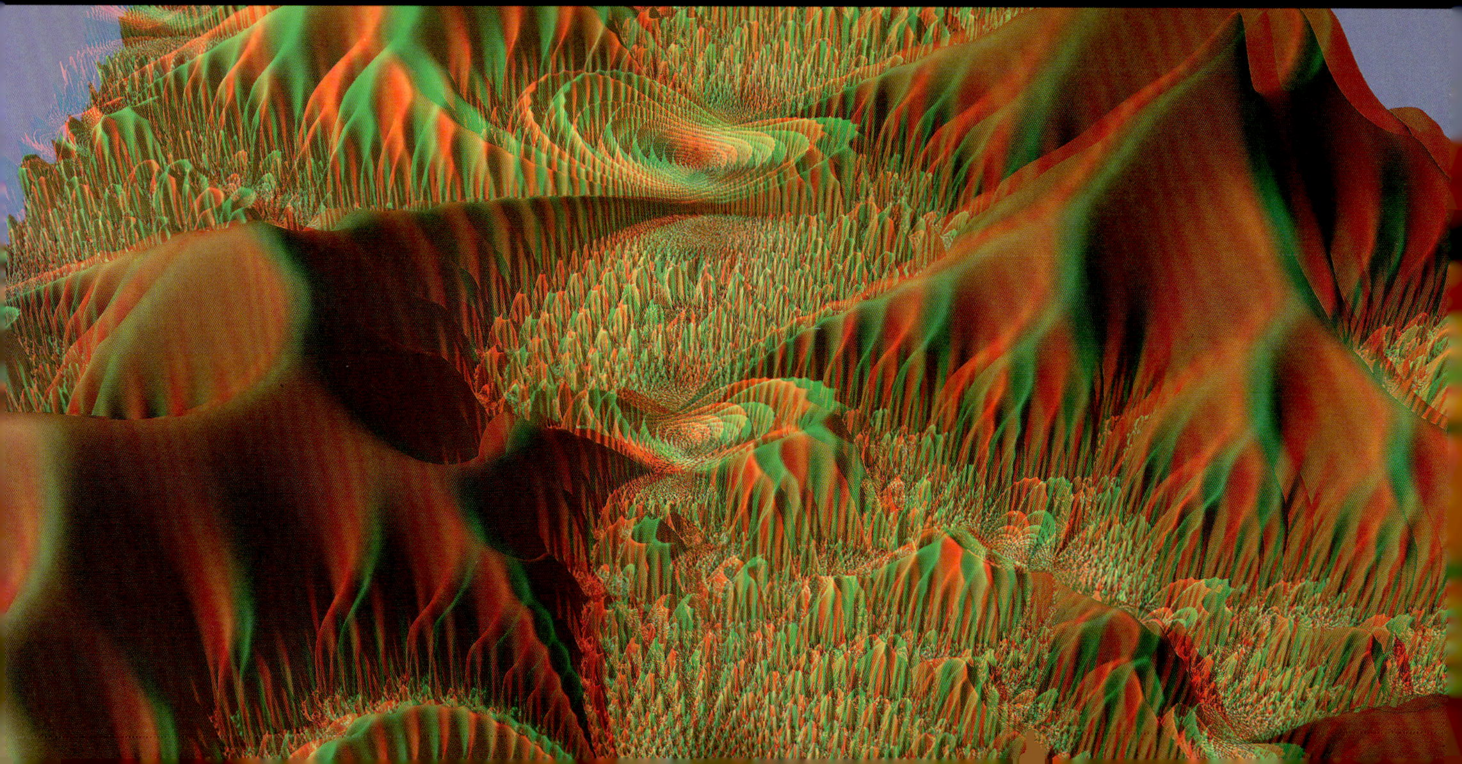

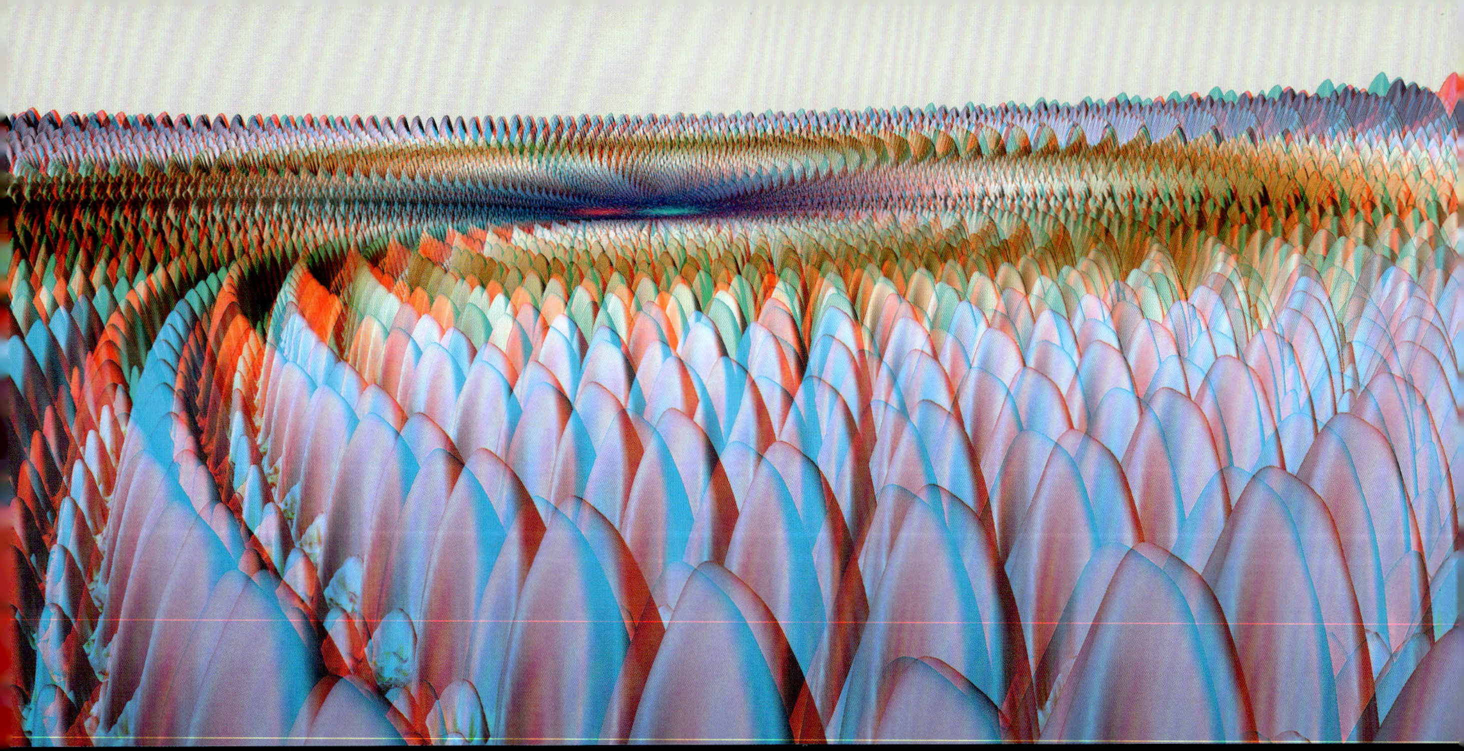

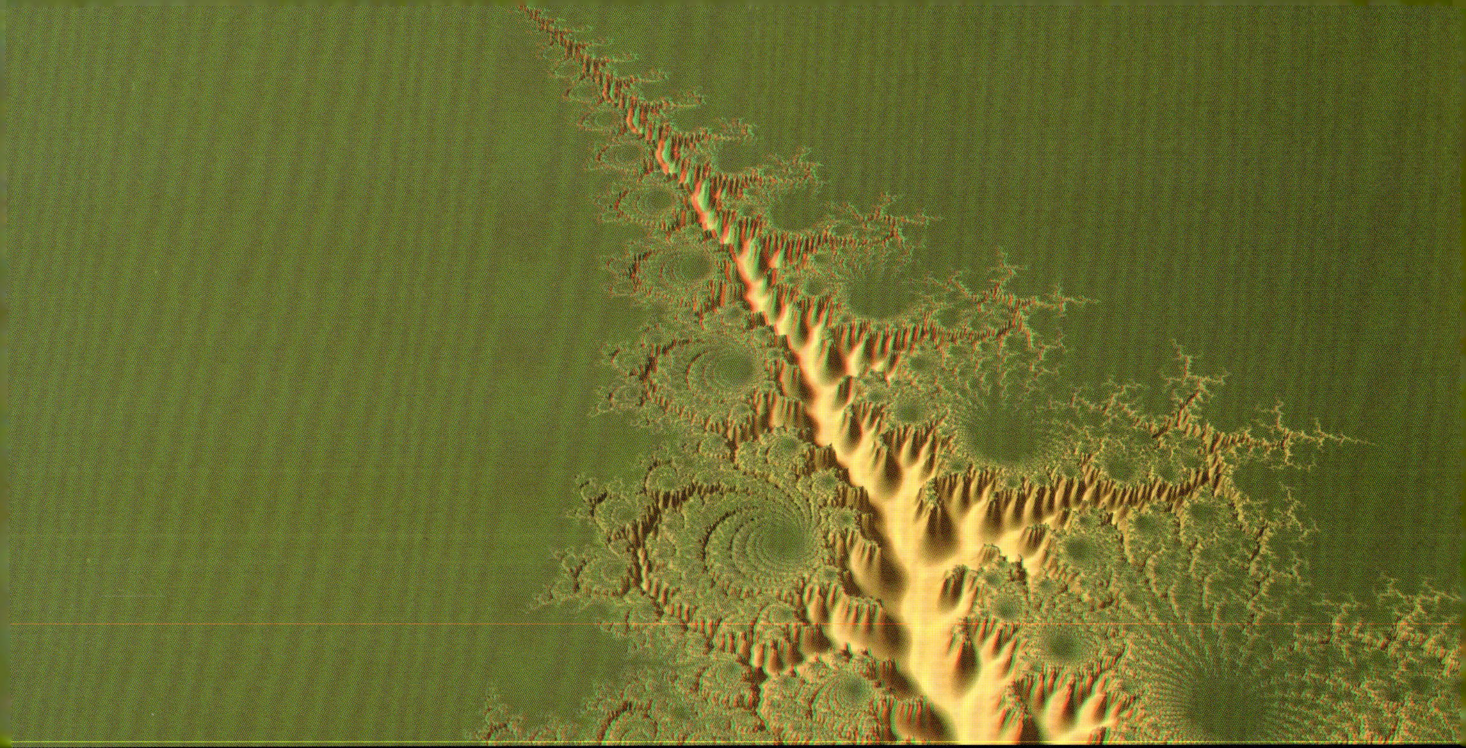

Julia-Mengen

Das wegbereitende Werk des französischen Mathematikers Gaston Julia, das er 1918 im Alter von 25 Jahren veröffentlichte, war von der mathematischen Welt bis in die 1980er Jahre, als Computer die Visualisierung seiner Mathematik ermöglichten, im Wesentlichen unbeachtet geblieben. Julias Idee war es, das Verhalten des Orbits einer komplexen Zahl durch Iteration mit einer Funktion f zu beobachten. Man beginnt mit einer komplexen Zahl z_0 und wendet auf diese die Funktion f an. Eine komplexe Zahl z_0 wird Häftling genannt, wenn ihr Orbit unter f (die Folge z_0, $z_1 = f(z_0)$, ..., $z_{n+1} = f(z_n)$, ...) beschränkt ist, sie heißt Ausreißer, wenn ihr Orbit unbeschränkt ist, d. h. ins Unendliche divergiert.[5]

Die Julia-Menge zu einer Funktion f wird als die Grenze zwischen der Menge aller Häftlinge und der Menge aller Ausreißer definiert und kann wunderschön visualisiert werden. Wie die verwandte Mandelbrot-Menge basieren auch die Julia-Mengen auf der Funktion $f(z) = z^2 + c$, wobei c hier jeweils eine feste komplexe Zahl ist. Es ist bewiesen, dass ein Orbit zu einem Startwert z_0 ins Unendliche divergiert, wenn er einen Kreis mit dem Radius 2 um den Nullpunkt verlässt. Damit gehören solche Startwerte z_0 stets zu den Ausreißern.

Julia-Mengen können – abhängig vom Parameter c – zusammenhängend und auch unzusammenhängend sein. Gehört c zu einem spezifischen Bereich der Mandelbrot-Menge, so ist die zugehörige Julia-Menge zusammenhängend und kann als eine Reihe von geschlossenen Schleifen und Dendriten erscheinen. Beispiele dafür sind „Douady-Kaninchen", so benannt nach dem französischen Mathematiker Adrien Douady, welche die Illustrationen auf den Seiten 26 bis 27 zeigen. Liegt c außerhalb der Mandelbrot-Menge, so ist das resultierende Fraktal unzusammenhängend und staubgleich, wie beispielhaft auf Seite 28 dargestellt ist.

Wie bei der Mandelbrot-Menge erlaubt das Computerprogramm FractalWorks ebenfalls farbige 3D-Darstellungen von Julia-Mengen.

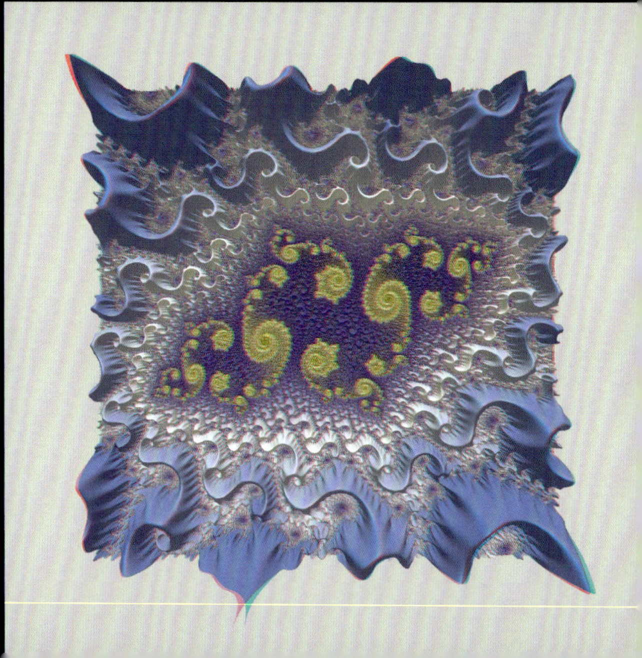

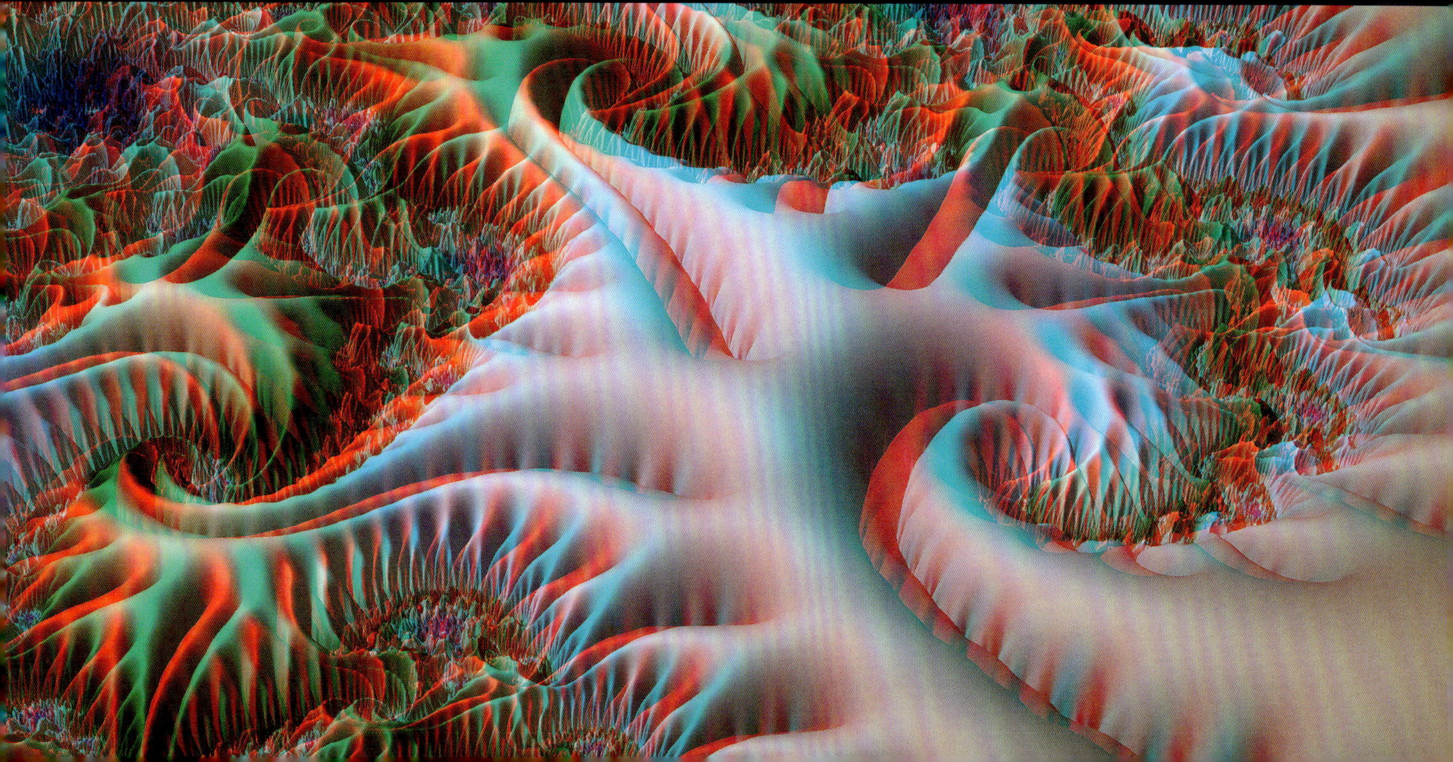

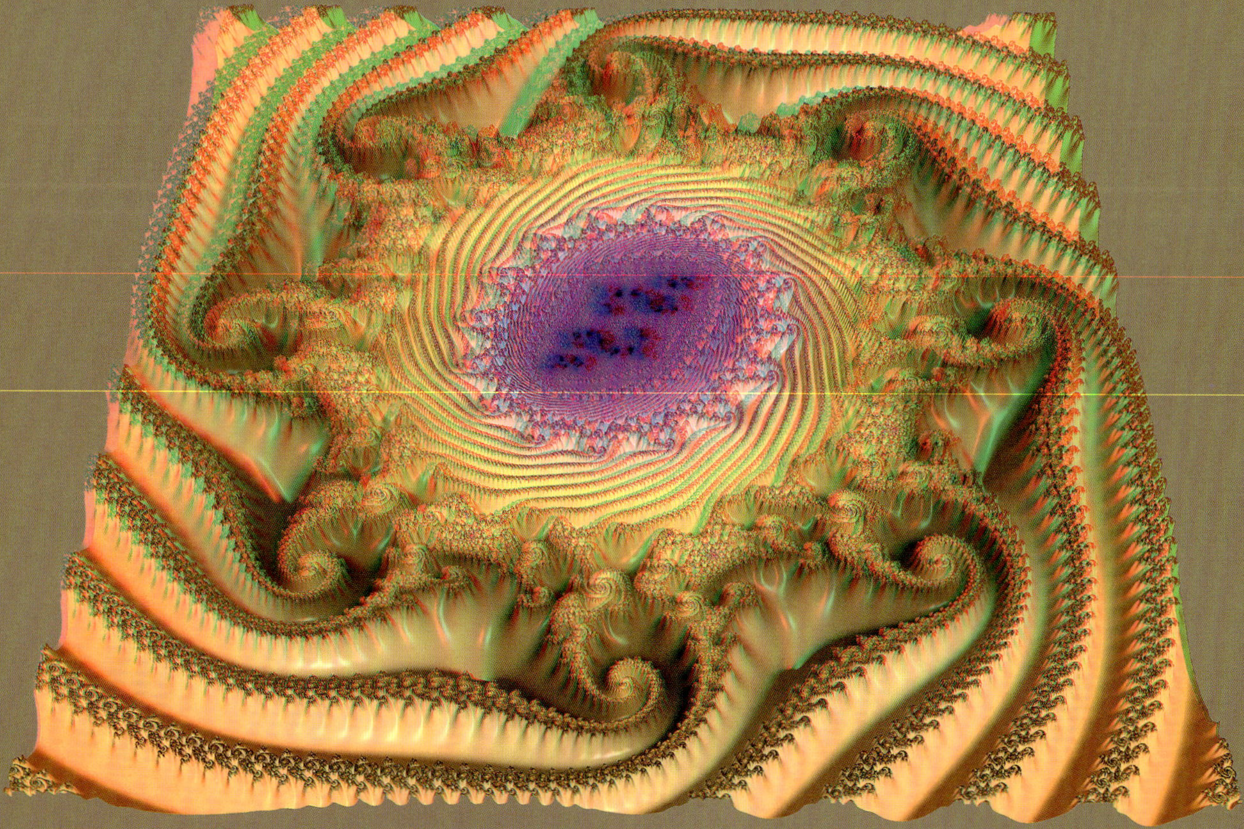

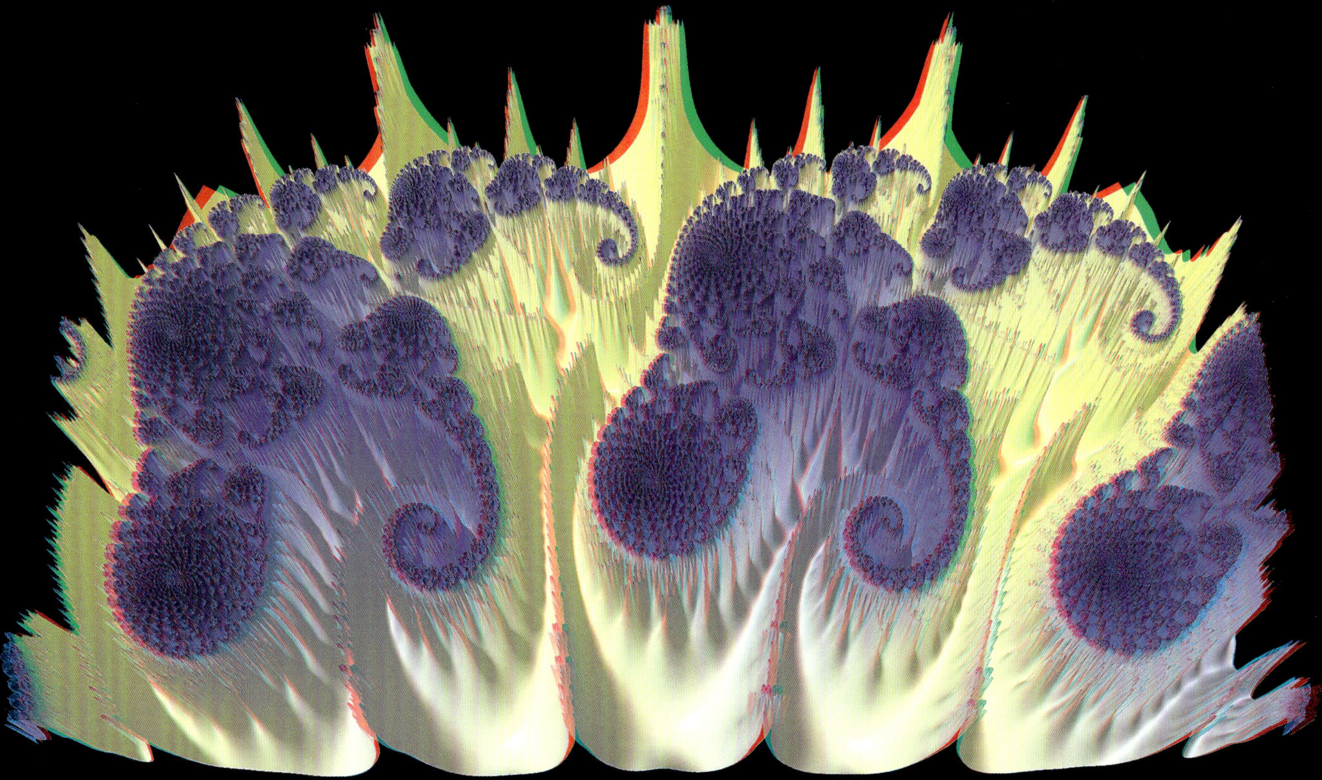

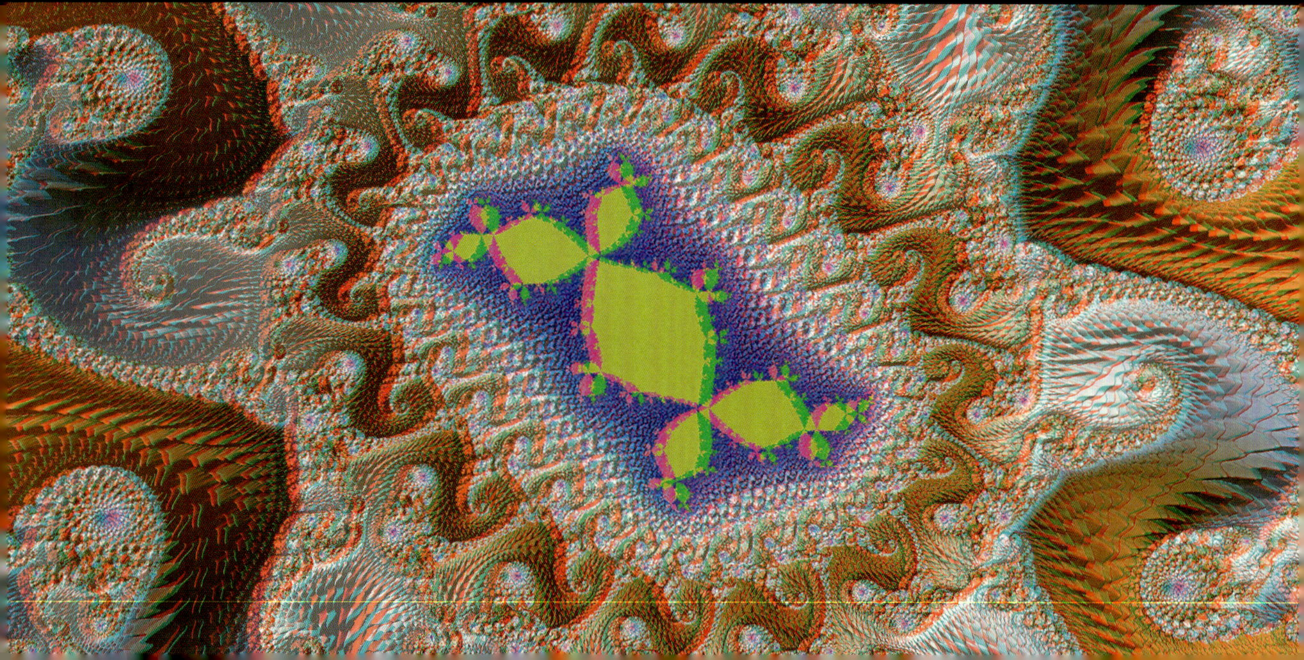

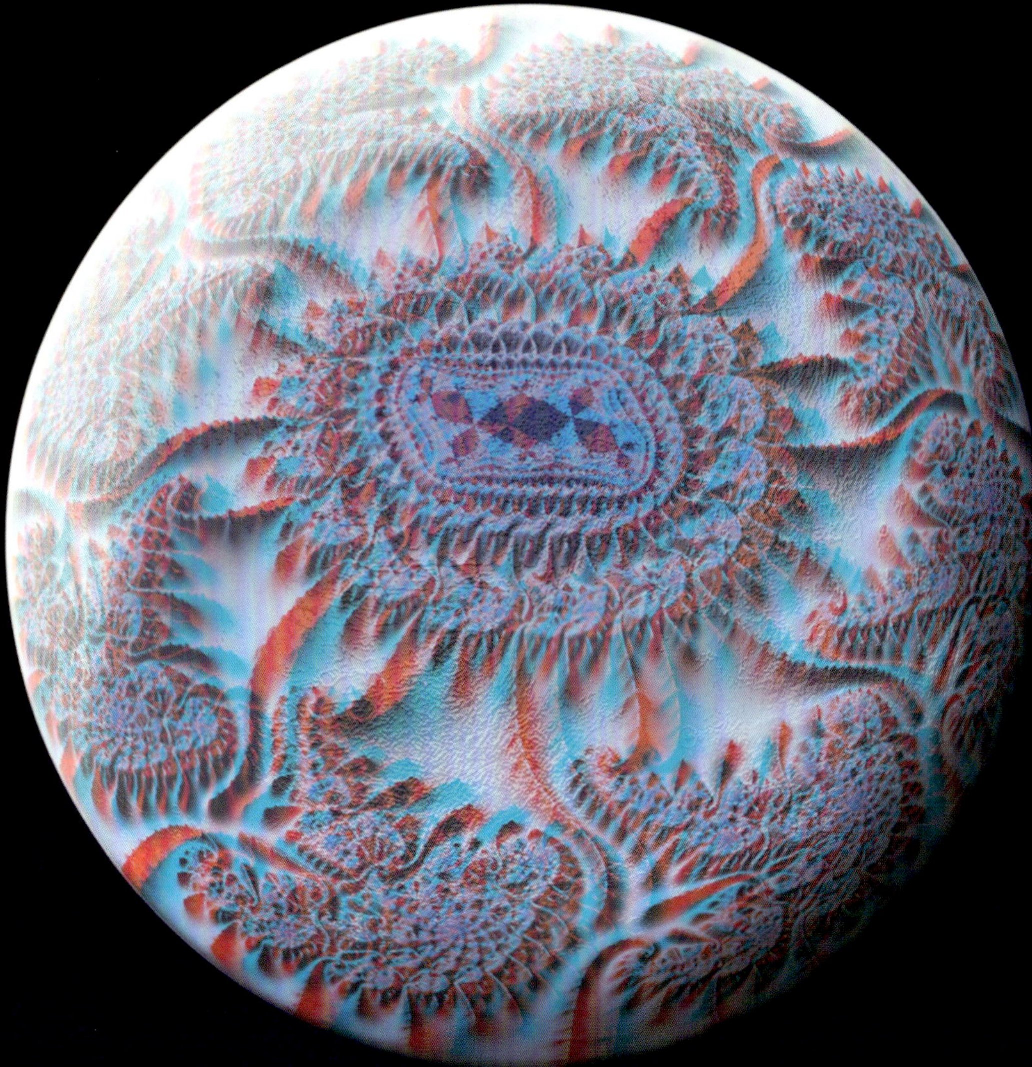

Spiralen

Seit etwa 1975 haben Benoît Mandelbrot und andere viele Beschreibungen und Definitionen von Fraktalen publik gemacht. In manchen Interpretationen sind Fraktale als Objekte gedacht, die ihre Details und ihre Proportionen nicht verlieren, wenn sie um viele Größenklassen vergrößert oder gestaucht werden. Diese Selbstähnlichkeit wurde durch die endlose logarithmische Spirale manifestiert, welche durch die Funktionsgleichung $r = r(\Theta) = ae^{b\Theta}$ für Polarkoordinaten ausgedrückt wird. Dabei bezeichne r den Radius in Abhängigkeit des Winkels von der x-Achse Θ. a und b sind positive reelle Konstanten. Beispiele logarithmischer Spiralen sind in der Natur zu finden, wie bei der Schale des Nautilus und beim grünen Blumenkohl (Romanesco). Sie treten aber auch in vielen Illustrationen als Teile der Mandelbrot-Menge und von Julia-Fraktalen auf.

Schwämme, Teppiche und Dichtungsringe

Eine Methode Fraktale zu erzeugen ist, ein Gebilde in kleinere Versionen zu unterteilen und eine oder mehrere Kopien zu entfernen und diesen Schritt rekursiv anzuwenden. Teilt man zum Beispiel die Fläche eines gleichseitigen Dreiecks (durch Verbinden der Seitenmittelpunkte) in vier gleichseitige Dreiecke und entfernt anschließend das zentrale Dreieck, so erhält man das Sierpinski-Dreieck – ein Fraktal, das im Dreidimensionalen pyramidonale Gestalt annimmt (vergleiche die Darstellung auf Seite 33). Wendet man diesen Prozess auf einen Würfel an, so erhält man den Menger-Schwamm. Wie das Sierpinski-Dreieck ist der Menger-Schwamm ein fraktales Objekt mit einer unendlichen Anzahl von Aushöhlungen. Dieses Gebilde wurde erstmals vom österreichischen Mathematiker Karl Menger im Jahr 1926 beschrieben. Um diesen Schwamm zu konstruieren, beginnen wir mit einem Urwürfel und unterteilen ihn in 27 identische kleinere Würfel. Dann entfernen wir den zentralen Würfel und die sechs Würfel, die mit diesem eine gemeinsame Seitenfläche besitzen. Dieser Schritt hinterlässt 20 der kleinen Würfel und wir führen ihn ad infinitum mit den verbliebenen kleineren Würfeln fort. Die Anzahl der Würfel wächst mit 20^n, wobei n die Anzahl der auf den Urwürfel durchgeführten Iterationen bezeichne. Die zweite Iterierte besteht aus 400 Würfeln, die sechste bereits aus 64 Millionen. Illustrationen solcher Iterierten findet man auf den Seiten 34 und 35.

Jede Seitenfläche des Menger-Schwamms wird ein Sierpinski-Teppich genannt. Fraktale Antennen, die auf dem Sierpinski-Teppich aufbauen, werden gelegentlich als effiziente Empfänger elektromagnetischer Signale benutzt. Beide, der Sierpinski-Teppich wie auch der Menger-Schwamm, besitzen faszinierende geometrische Eigenschaften. Zum Beispiel besitzt der Schwamm eine unendlich große Oberfläche, während sie sein Volumen von 0 umschließt.

Gemäß dem Institute for Figuring (Los Angeles, USA, www.theiff.org) „löst sich" mit jeder Iteration die Fläche des Sierpinski-

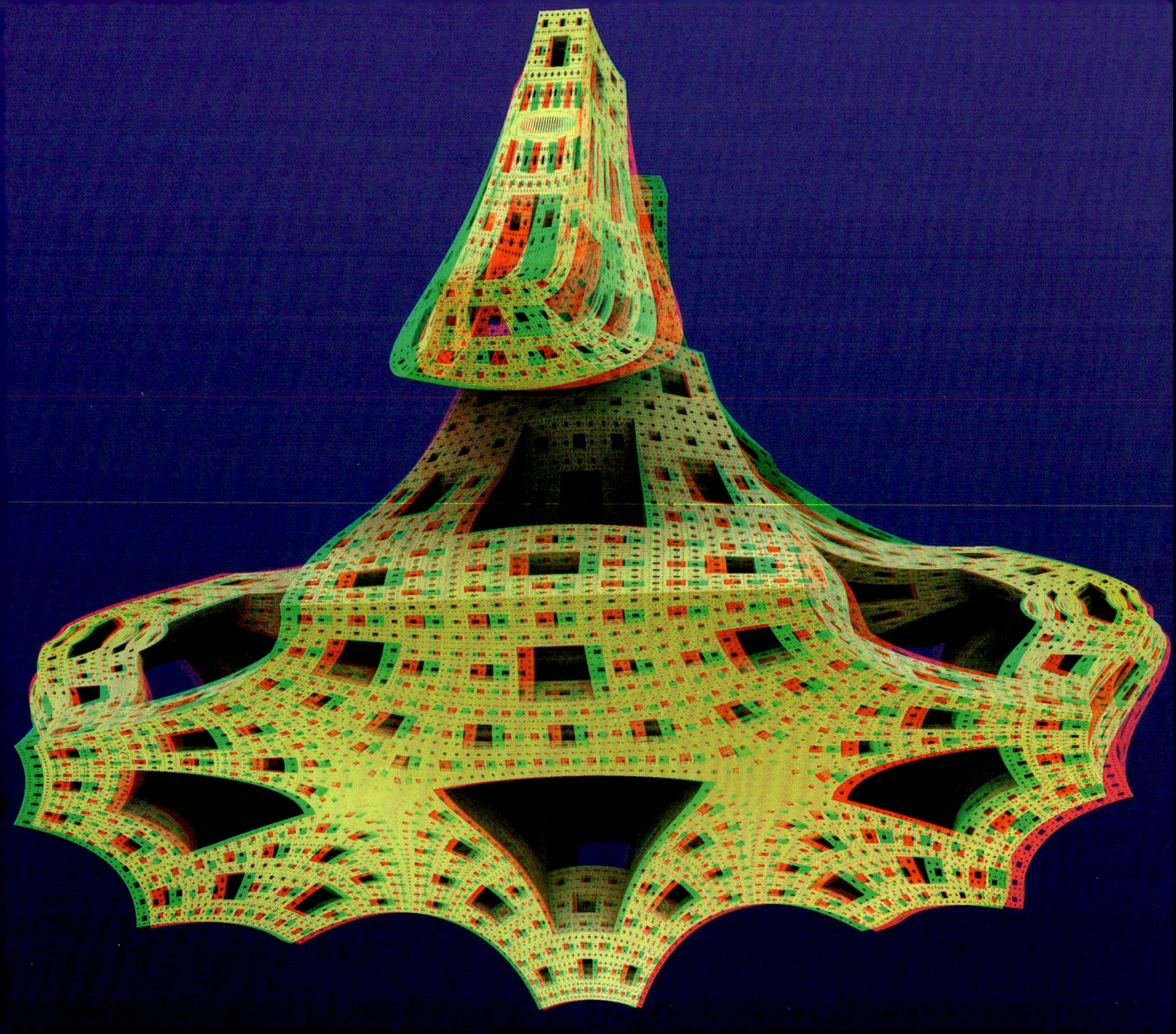

Teppichs „in Schaum auf, dessen finale Struktur keinen Flächeninhalt besitzt, obwohl sein Umfang unendlich lang wird. Wie ein Skelett eines Biests, dessen Fleisch verschwand, ist die Endgestalt ohne Substanz – sie belegt eine ebene Fläche, ohne sie zu füllen." Dieses poröse Überbleibsel schwebt zwischen einer Linie und einer Fläche. Während eine Linie ein- und eine Fläche zweidimensional ist, besitzt der Sierpinski-Teppich eine fraktale Dimension von 1,89. Der Menger-Schwamm besitzt eine fraktale Dimension[6] zwischen Fläche und Körper, nämlich etwa 2,73.[7]

Ein anderes von Aushöhlungen gefülltes Fraktal ist der Appolonius-Dichtungsring, benannt nach dem Mathematiker Appolonius von Perge. Dieses Fraktal wird aus Tripeln sich berührender Kreise erzeugt. Muster, die an diese Dichtungsringe erinnern, sind in vielen Computer-Grafiken zu finden, wie auch bei dem auf Seite 36 wiedergegebenen futuristischen, einer Raumstation gleichenden Objekt.

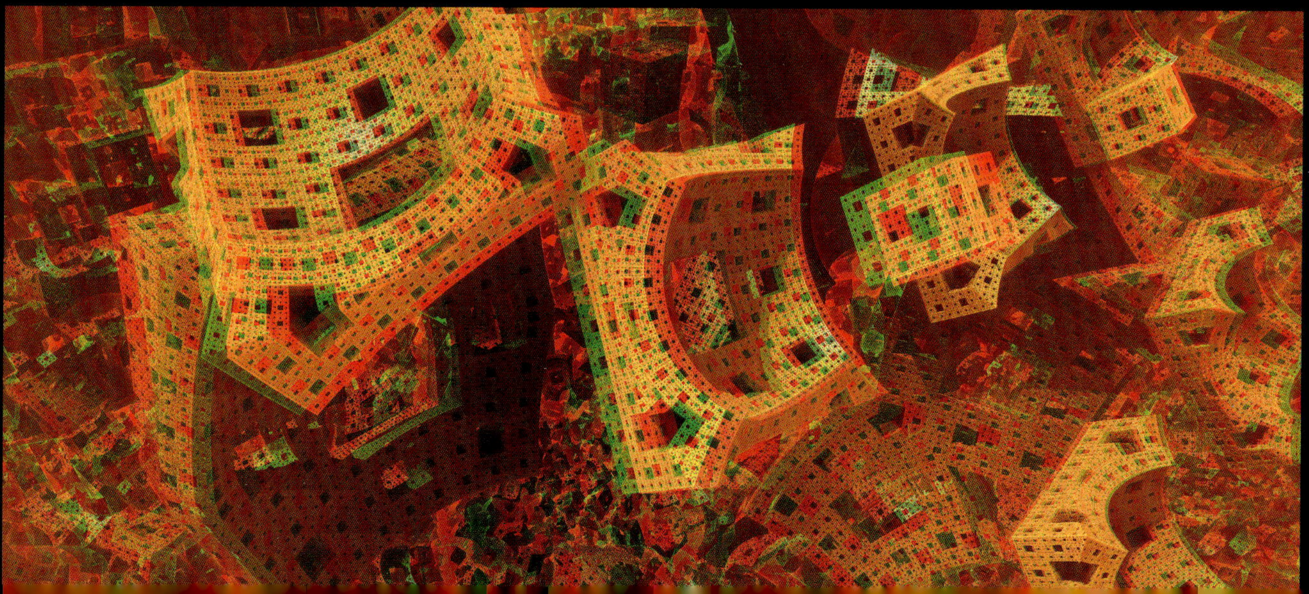

Flammen

„Auf dem Bildschirm sind leuchtende, sich windende elastische Formen, abstraktes Gewirr und Schleifen glühender Filamente", schreibt Mitchell Whitelaw in *Metacreation: Art and Artificial Life.* Diese ätherischen Fraktale, die vom Software-Künstler Scott Draves 1992 erzeugt wurden, können mit Programmen wie dem open-source Editor und Renderer Apophysis generiert werden. Wie andere in diesem Buch gezeigte Fraktale, werden fraktale Flammen ebenso pro Iterationsschritt durch mehrere gegebenenfalls sich überlappende und transformierte Kopien ihrer selbst, erzeugt (IFS-Fraktale, iterated function system fractals).

Flammen unterscheiden sich in einigen Punkten von den gewöhnlichen IFS-Fraktalen. Zum einen erfolgen die Iterationen statt mit linearen Funktionen mit nichtlinearen. Zum zweiten sind Tönung (z. B. Kontrast und Helligkeit) sowie Farbgebung oft so entworfen, dass möglichst viele Details des Fraktals erkennbar werden, was zu „Schleifen glühender Filamente" führt.

Zusätzlich zur Erfindung des „Flammen-Algorithmus" leitete Draves das Projekt[8], das als Electric Sheep (Elektrisches Schaf) bekannt ist, das fraktale Flammen entfaltet und animiert, die auf vernetzten Computern Bildschirmschoner verkörpern. Dieses Projekt erhielt seinen Namen aus dem Titel der Novelle des Science-Fiction-Autors Philip K. Dick *Do Androids Dream of Electric Sheeps?* - eine passende Metapher für den Prozess, bei dem Computer (androids) fraktale Filme (sheep) sichtbar machen (dreaming). Diese „Schafe" können auf verschiedene Arten erzeugt werden: (1) Mitglieder einer Mailing-Liste können diese erzeugen und vermitteln; (2) Mitglieder können die Parameter existierender Schafe herunterladen und sie zwicken; oder (3) der Fraktal-Code eines Schafs kann mit dem eines anderen Schafs interpoliert oder kombiniert (gepaart) werden – automatisch durch den Server oder manuell von dessen Administratoren (Schafhirten). Draves und seine Ingenieure erweiterten die Metapher: Die etwa 100 Schafe, die auf dem Server jederzeit gespeichert sind, werden als Herde bezeichnet, Änderungen am Code als Mutationen. Im Jahr 2011 hatte das Projekt 500.000 aktive Nutzer.

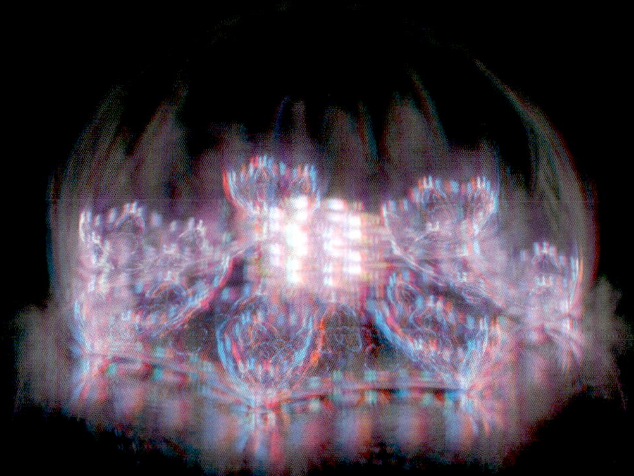

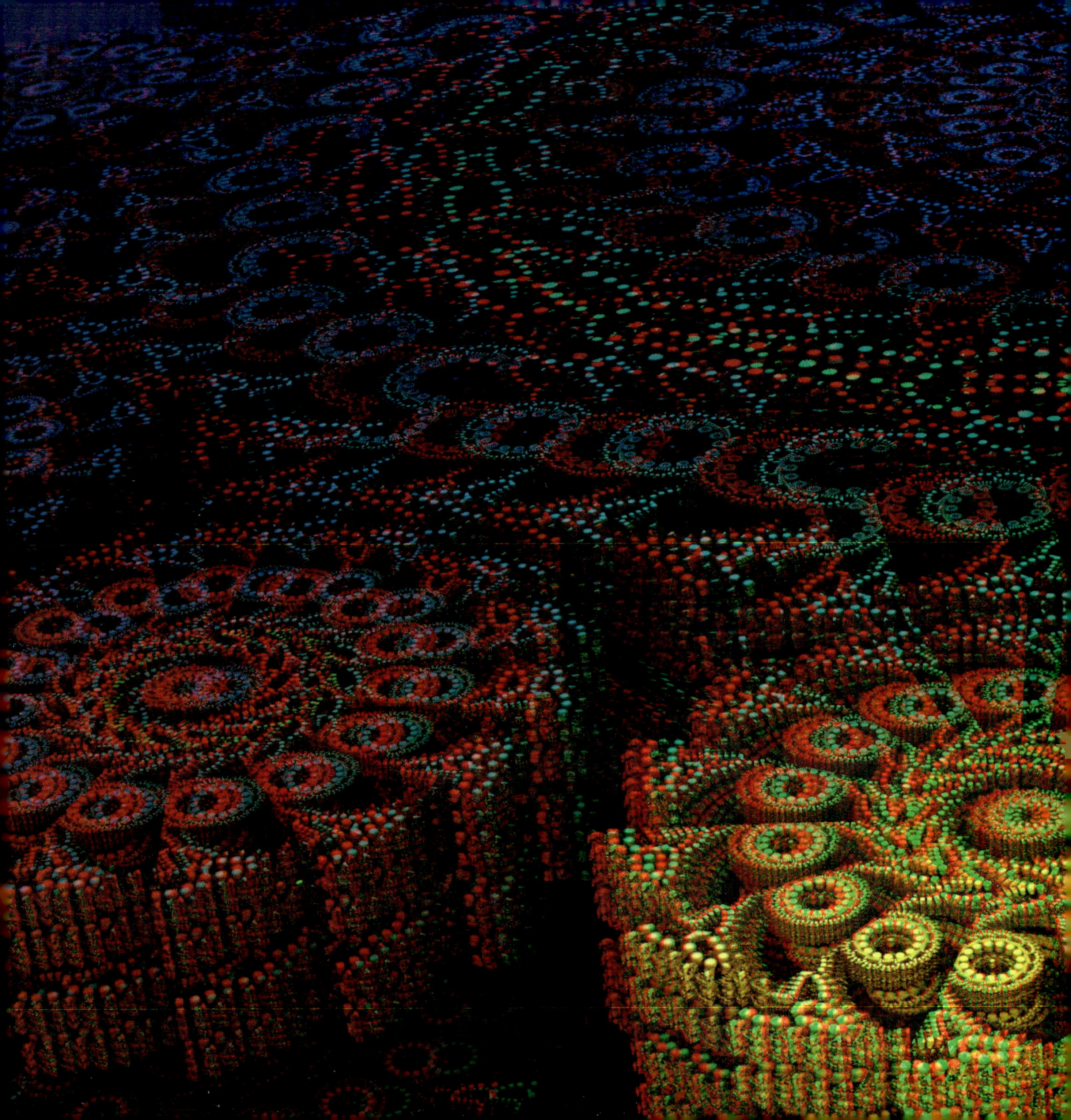

Galerie

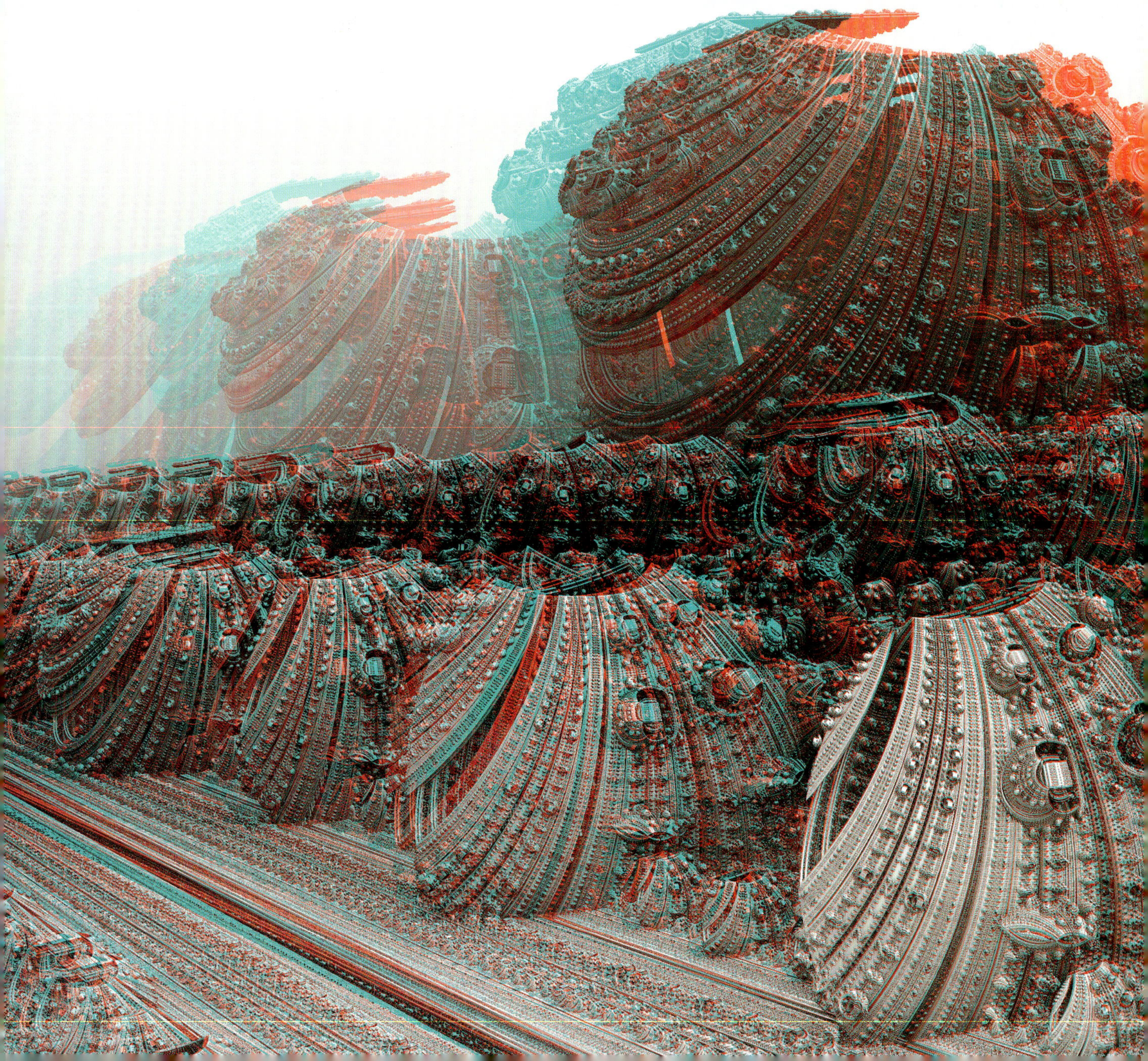

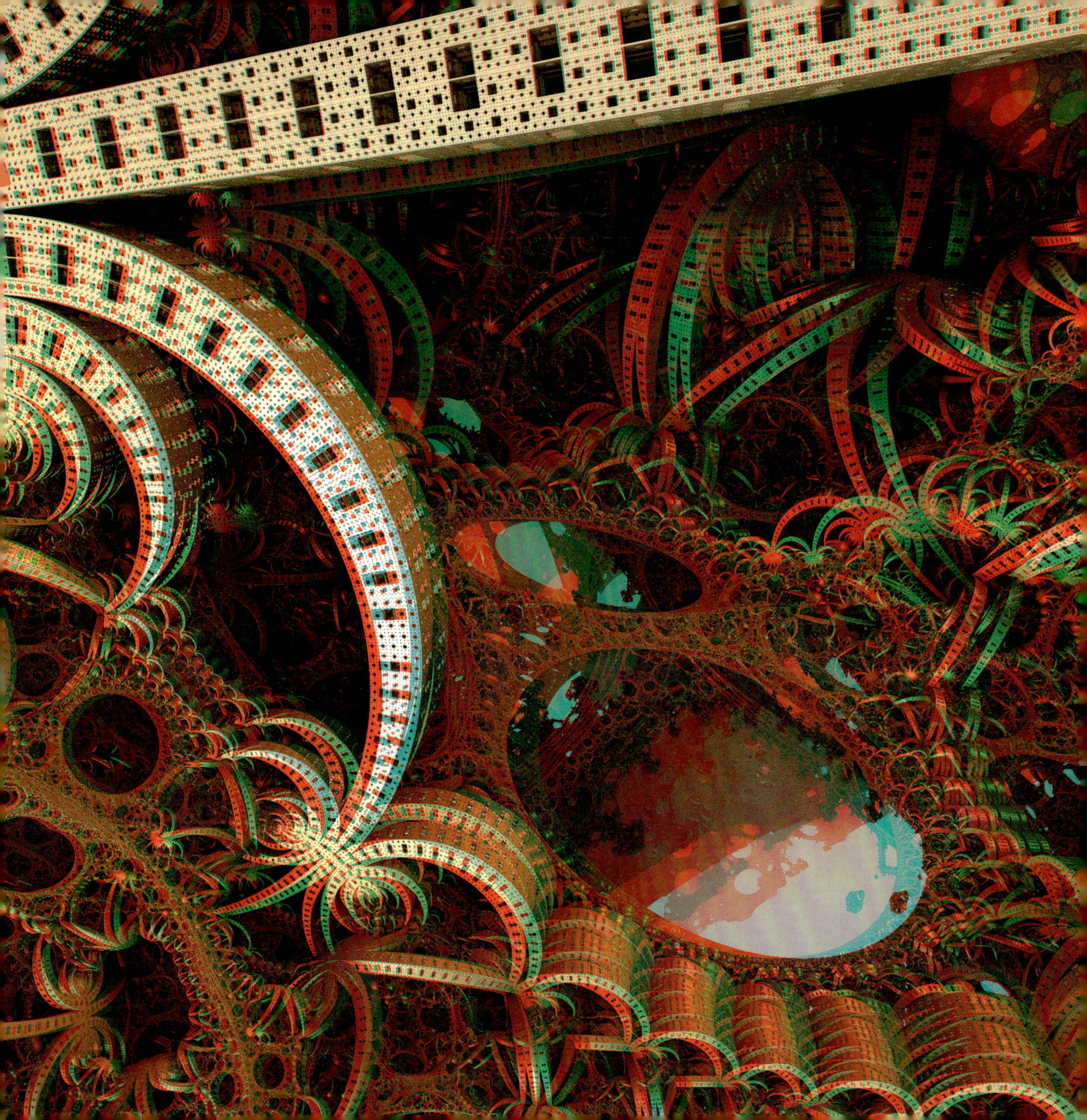

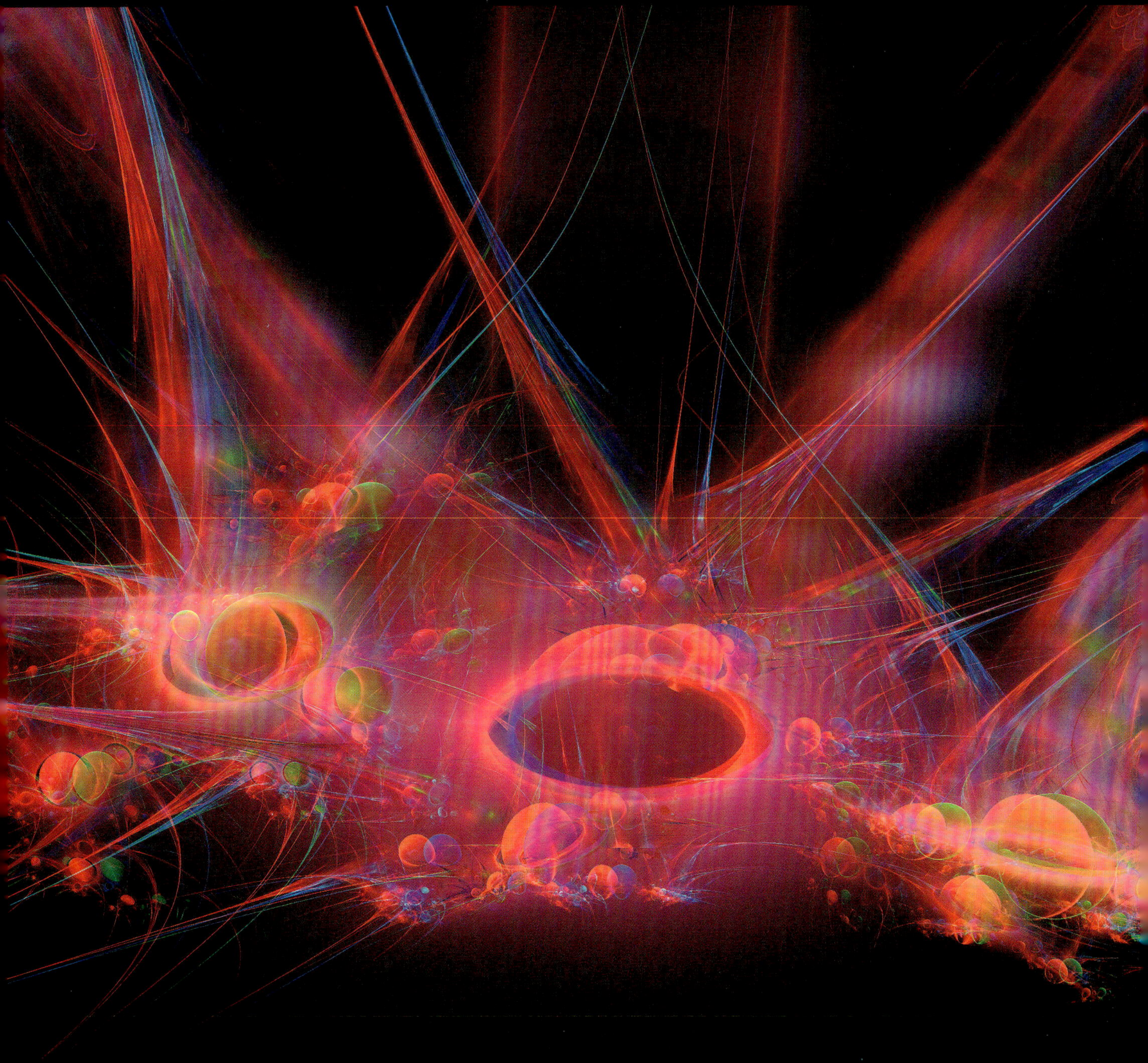

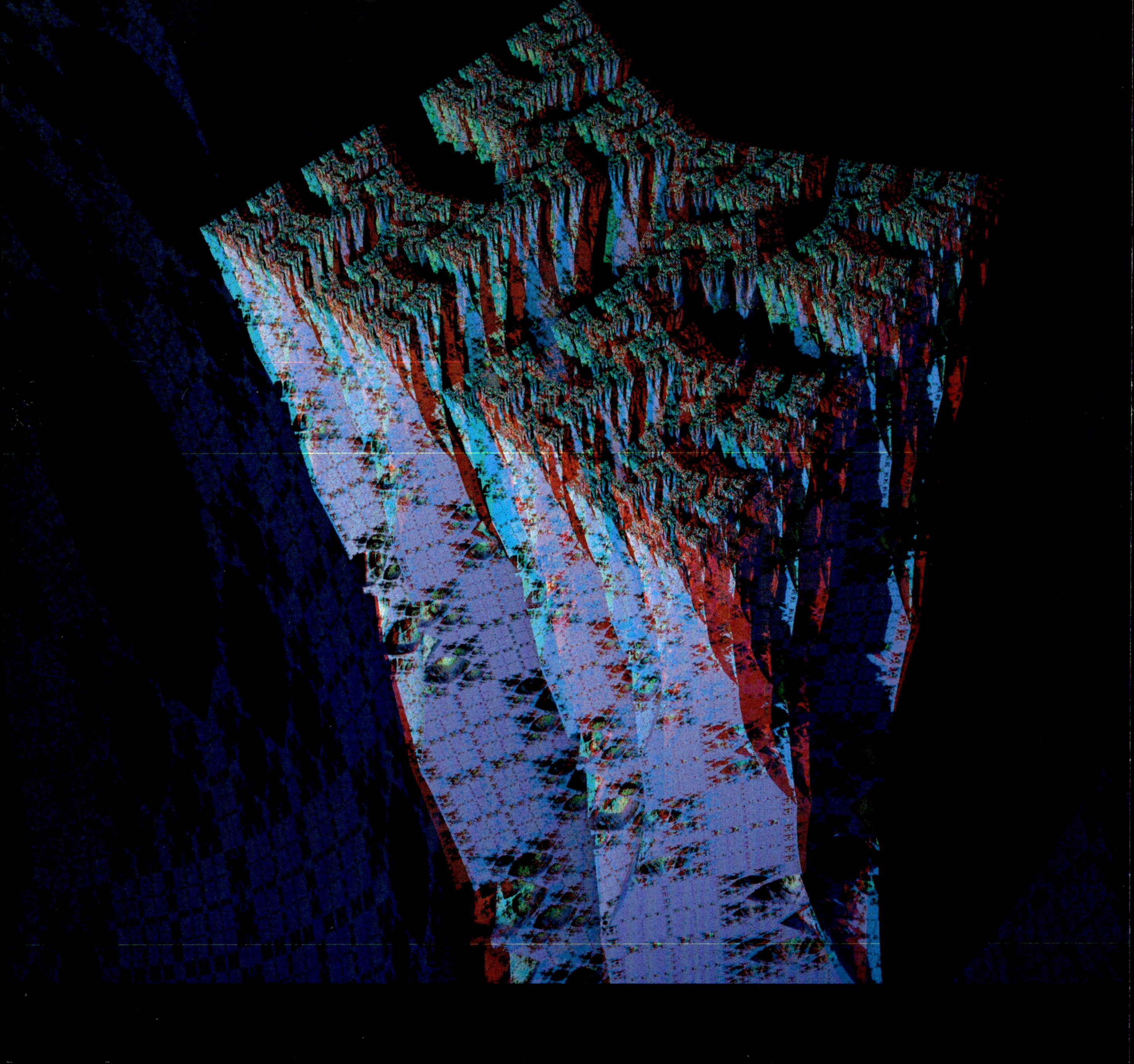

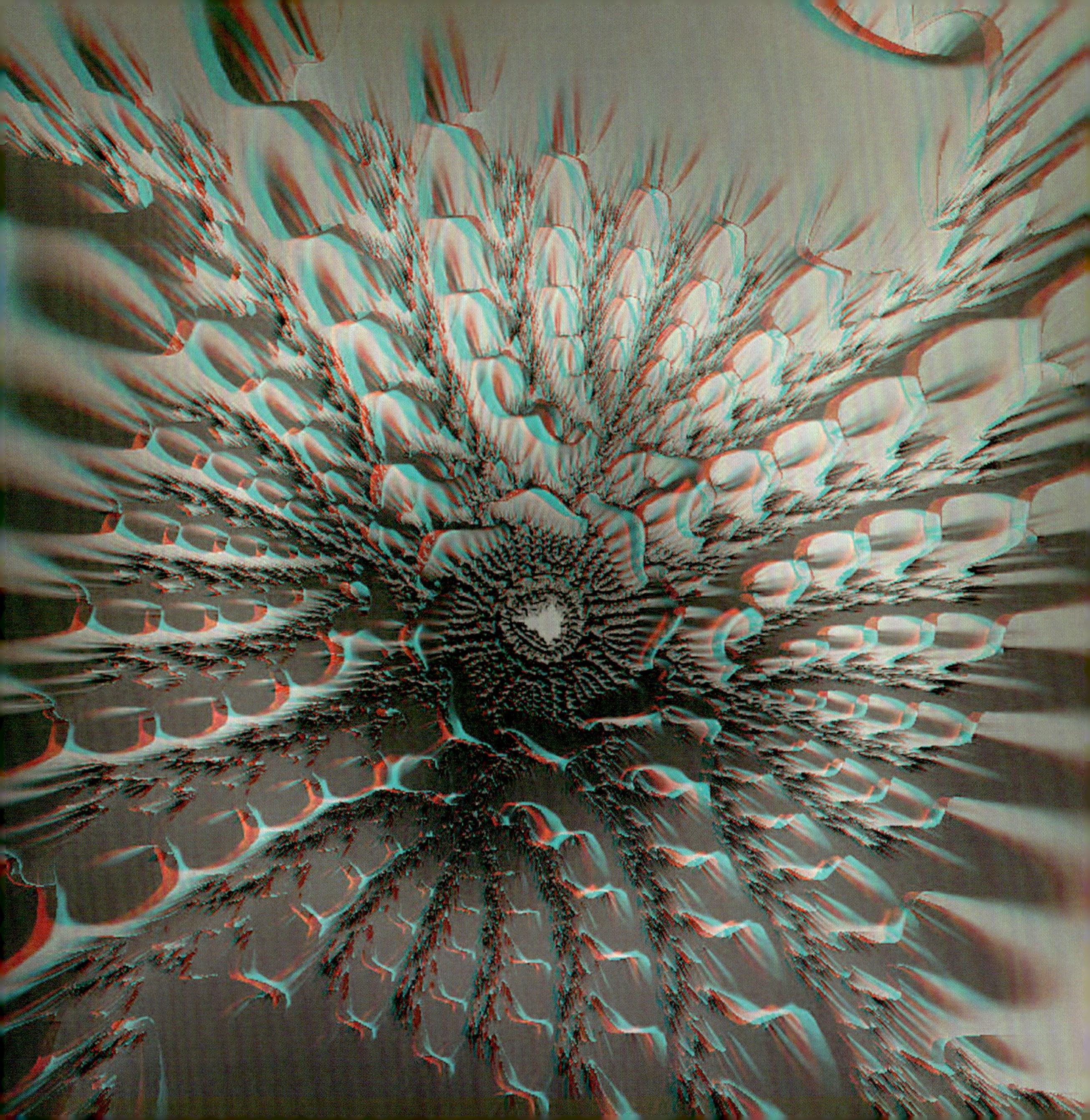

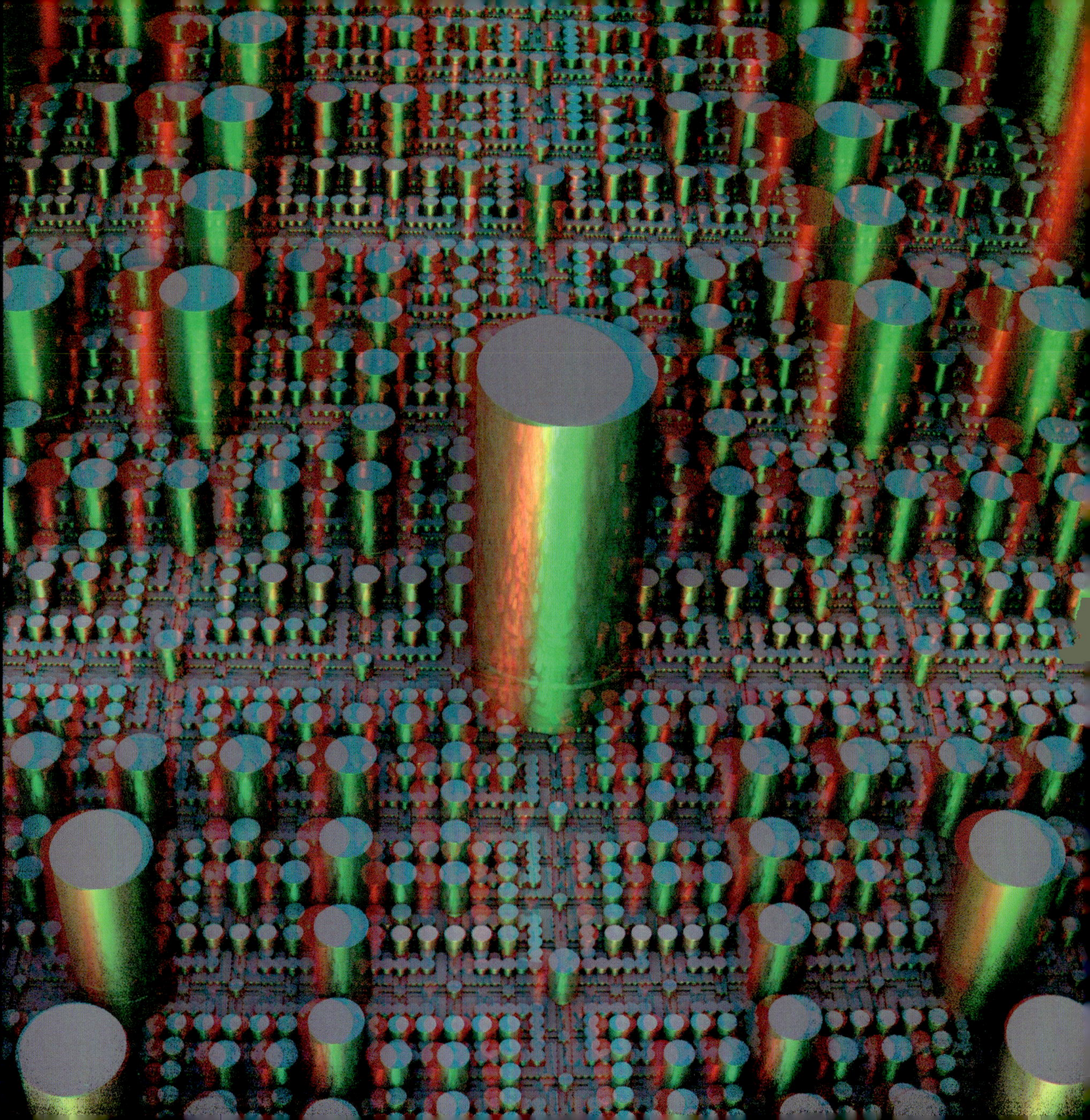

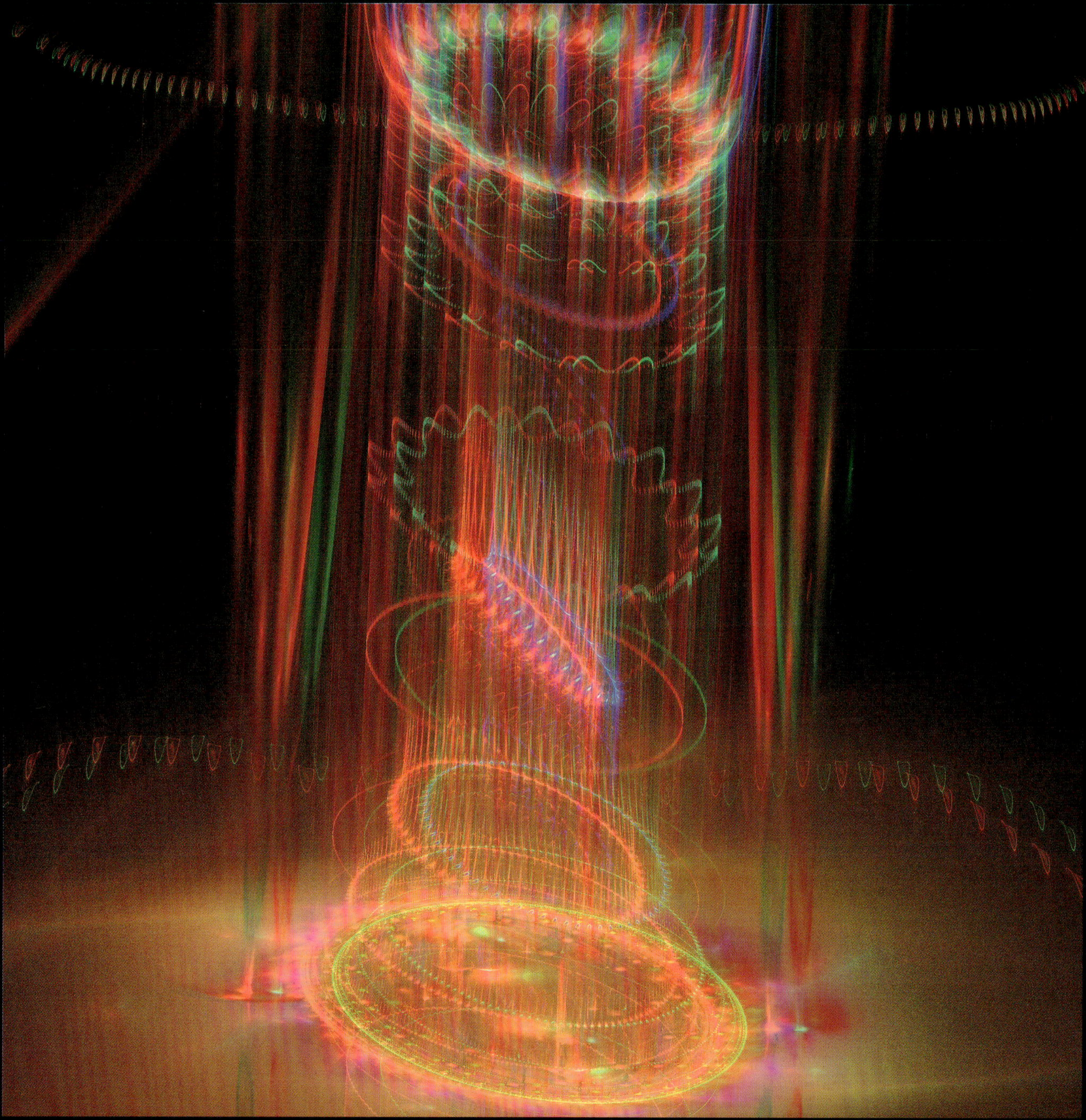

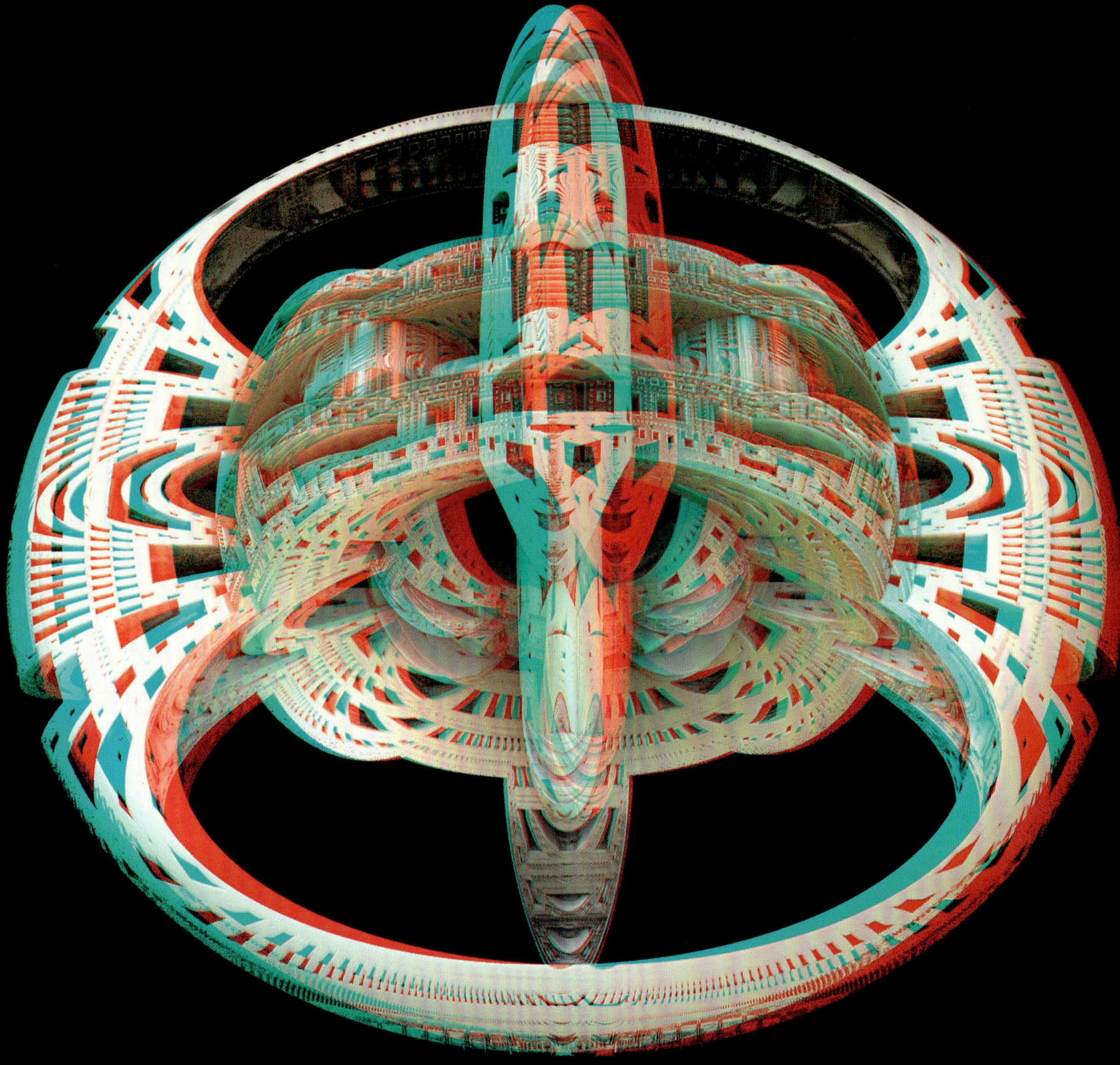

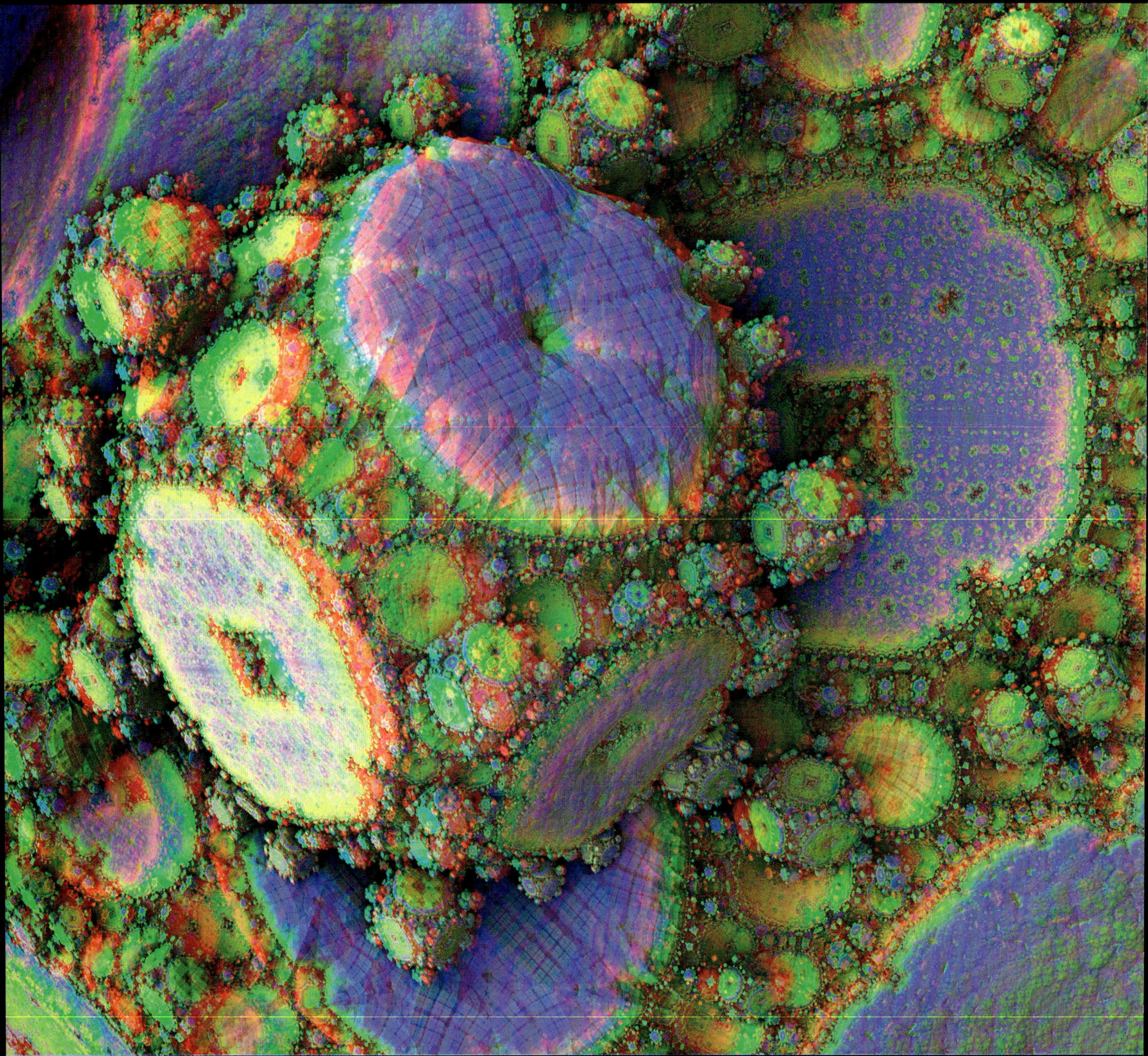

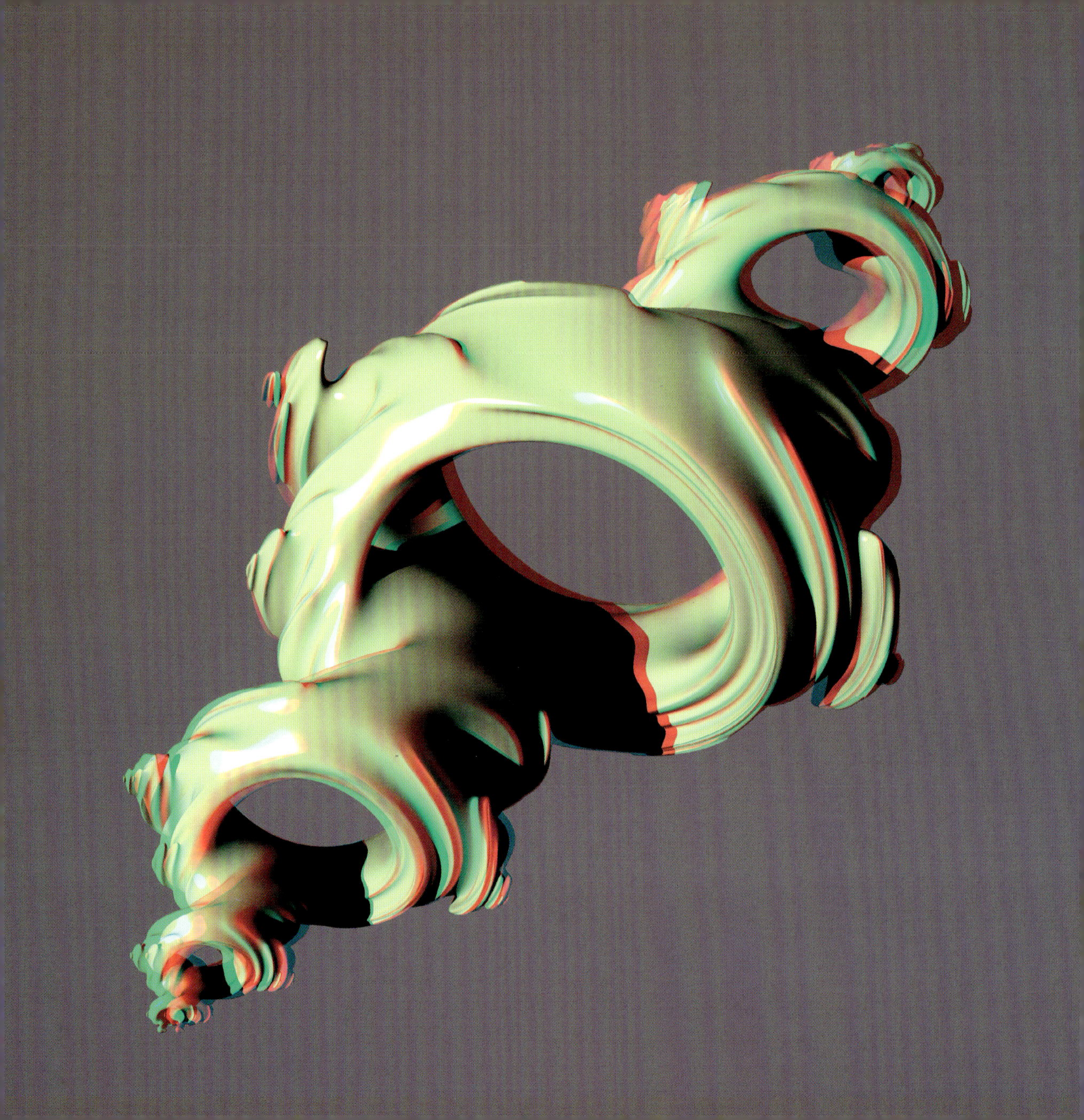

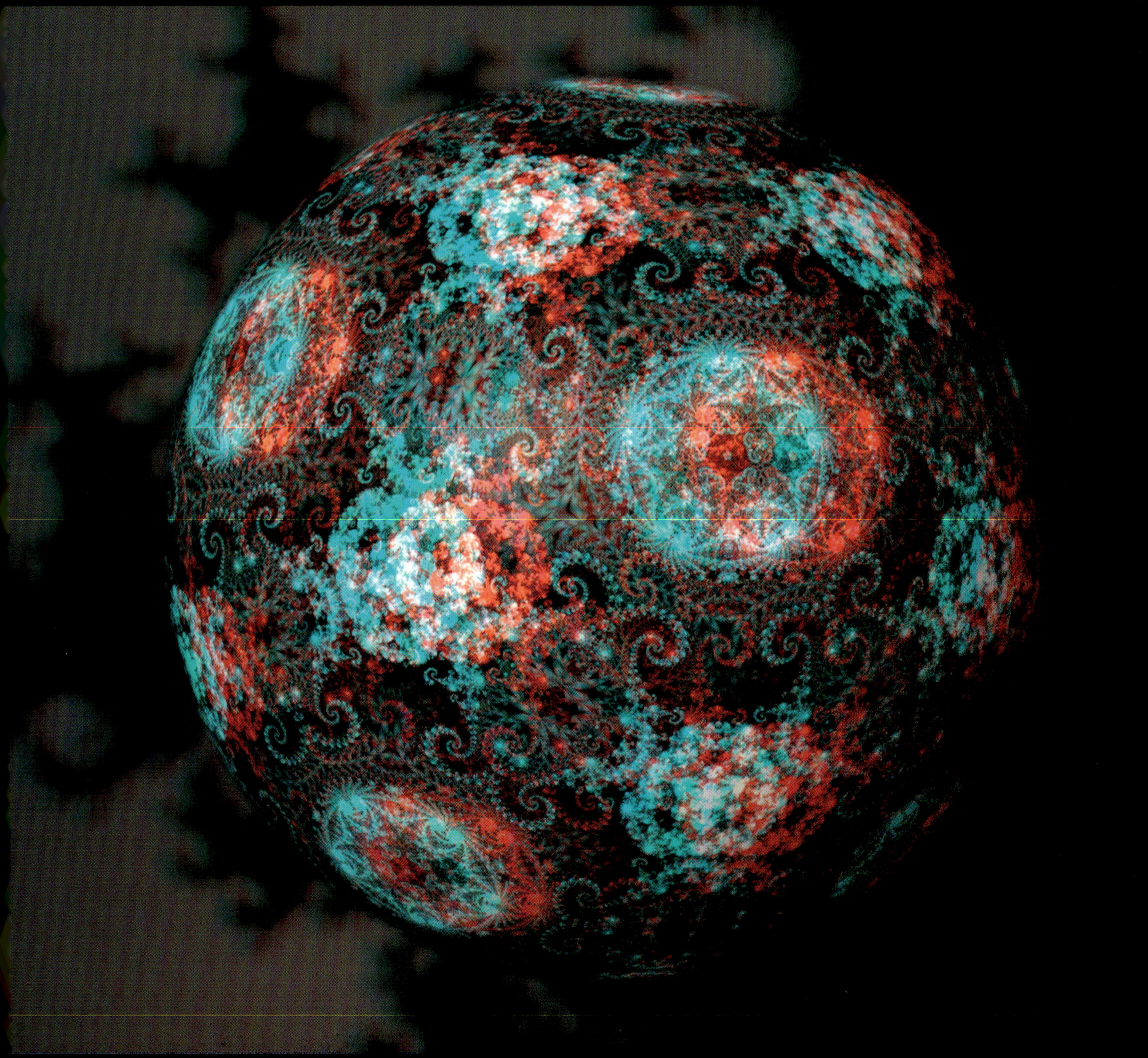

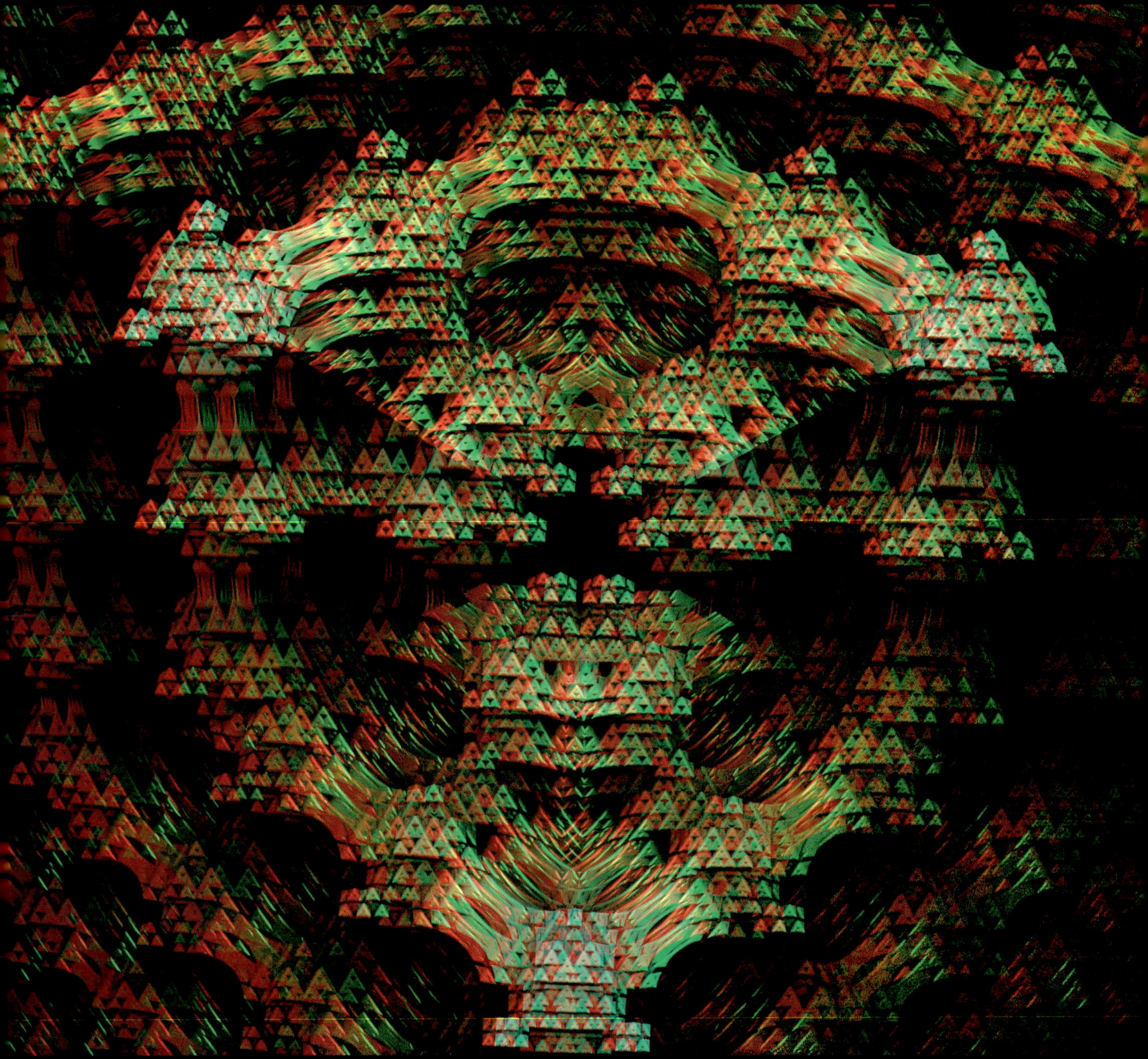

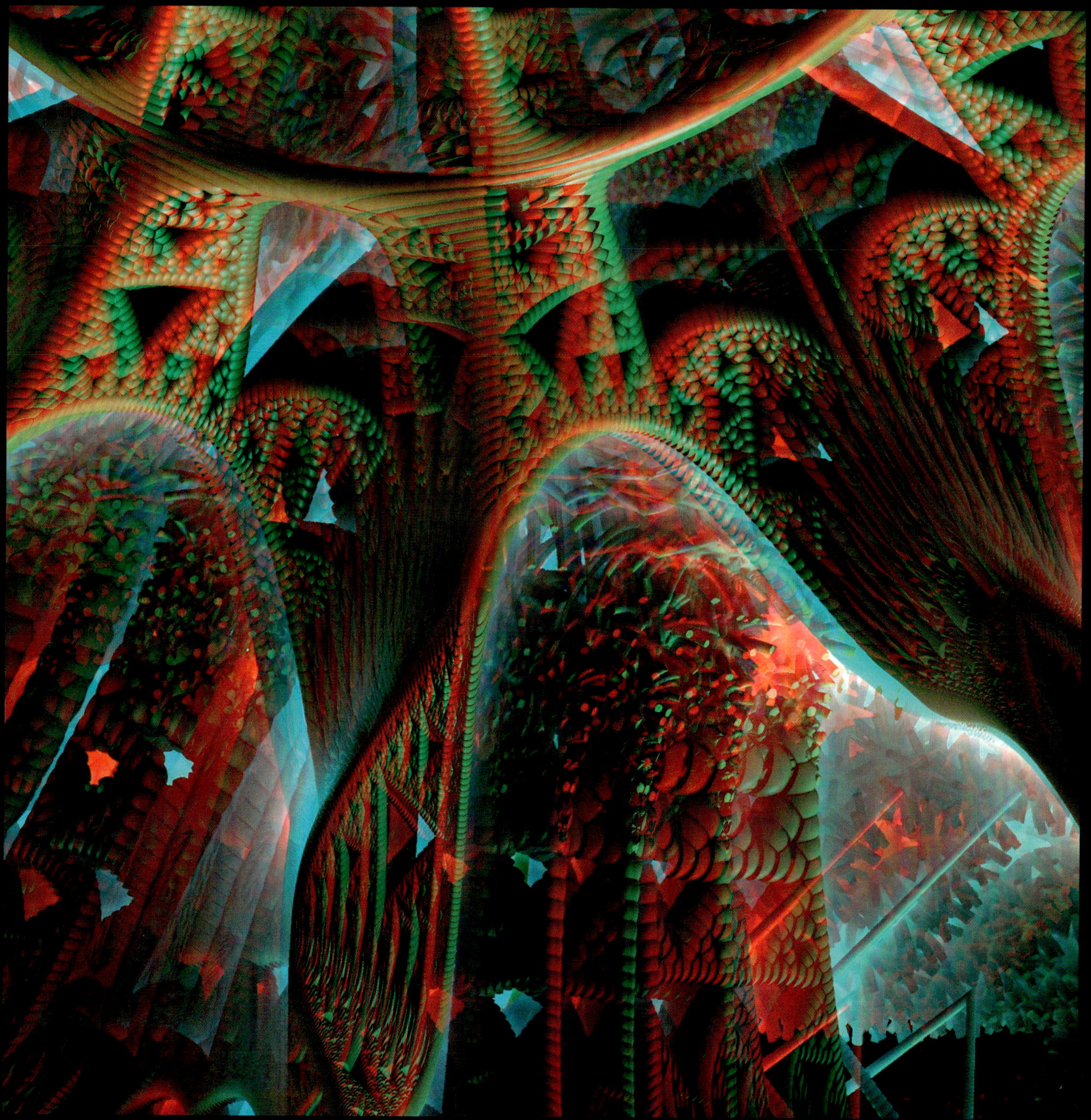

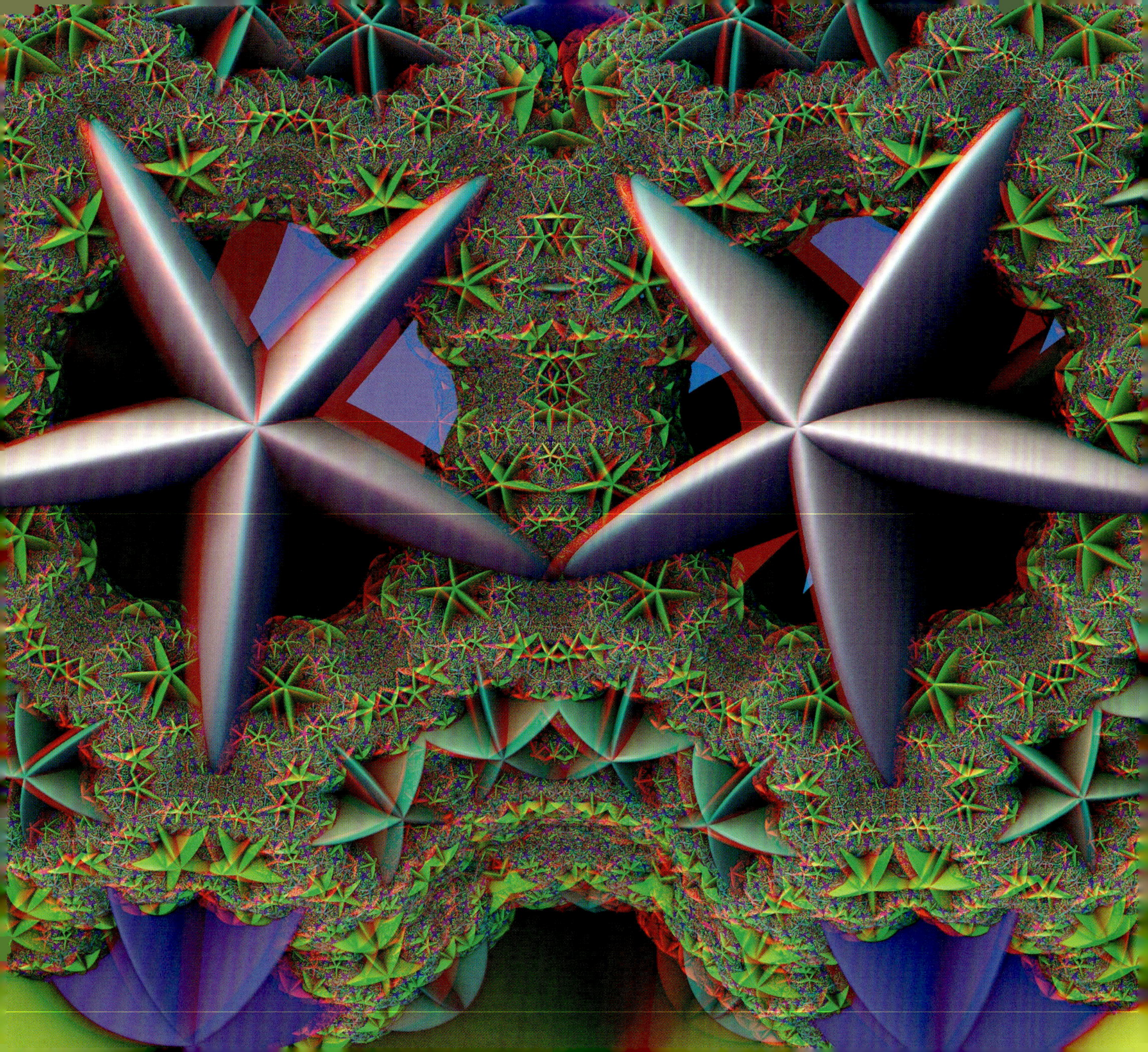

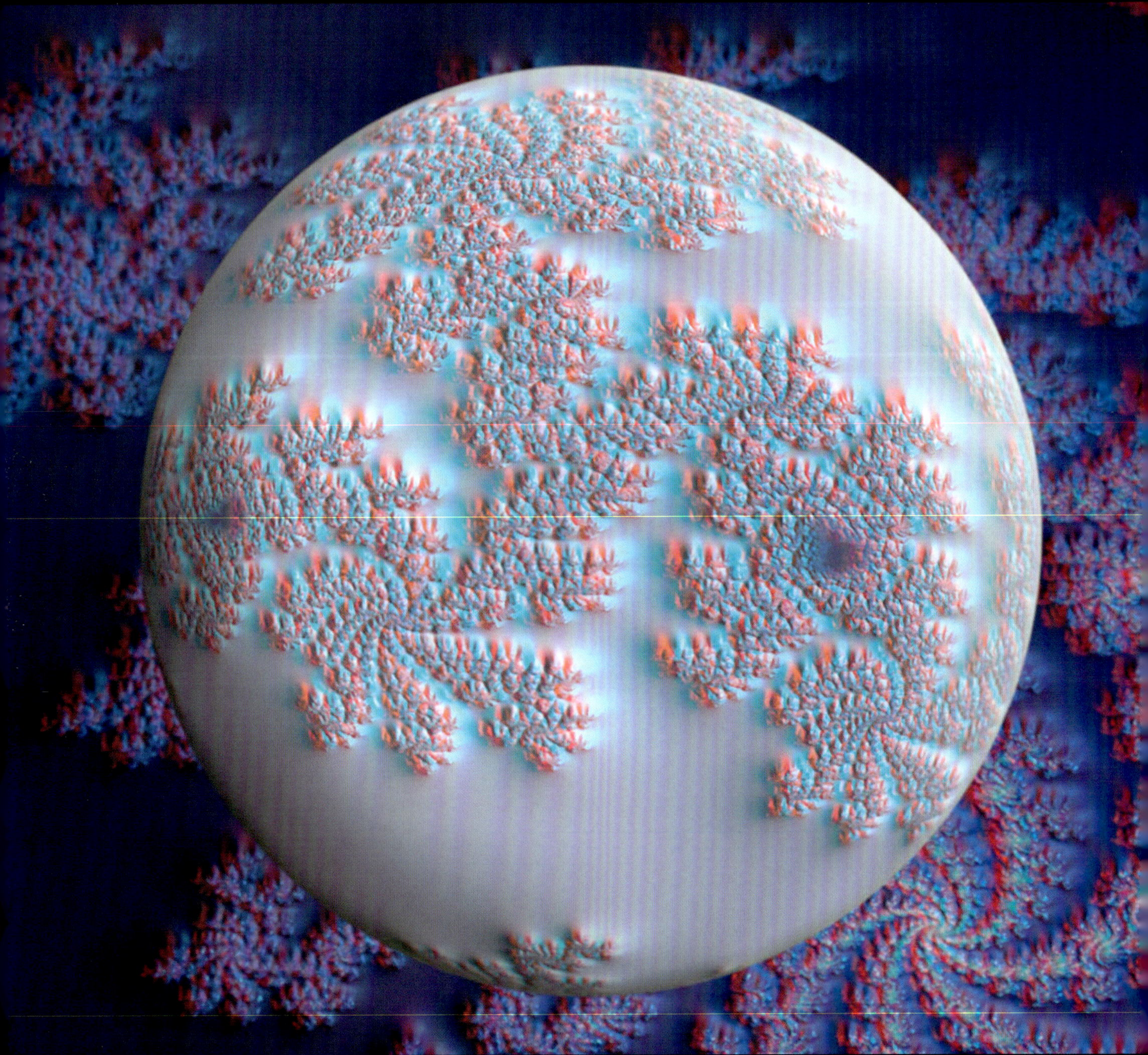

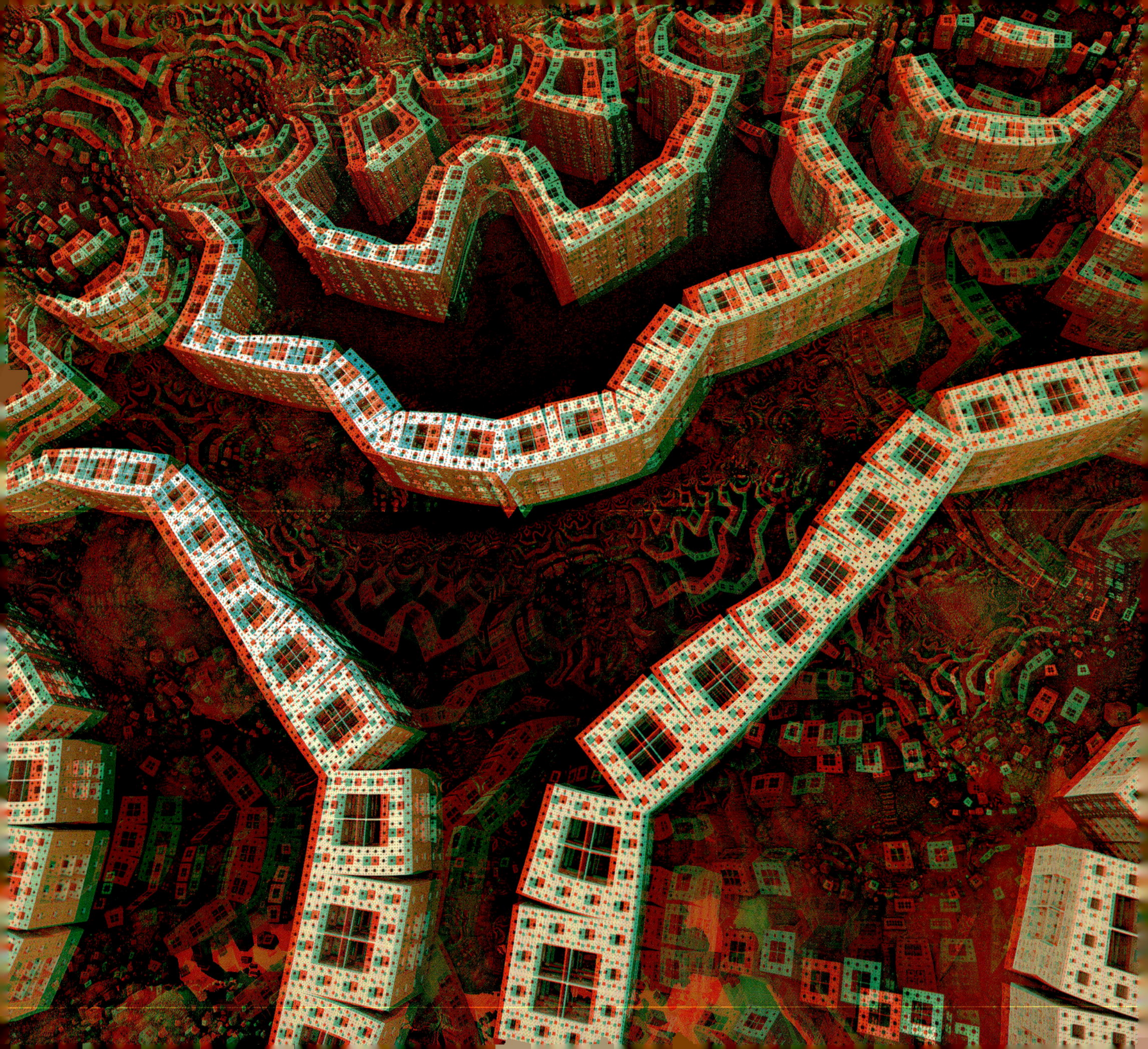

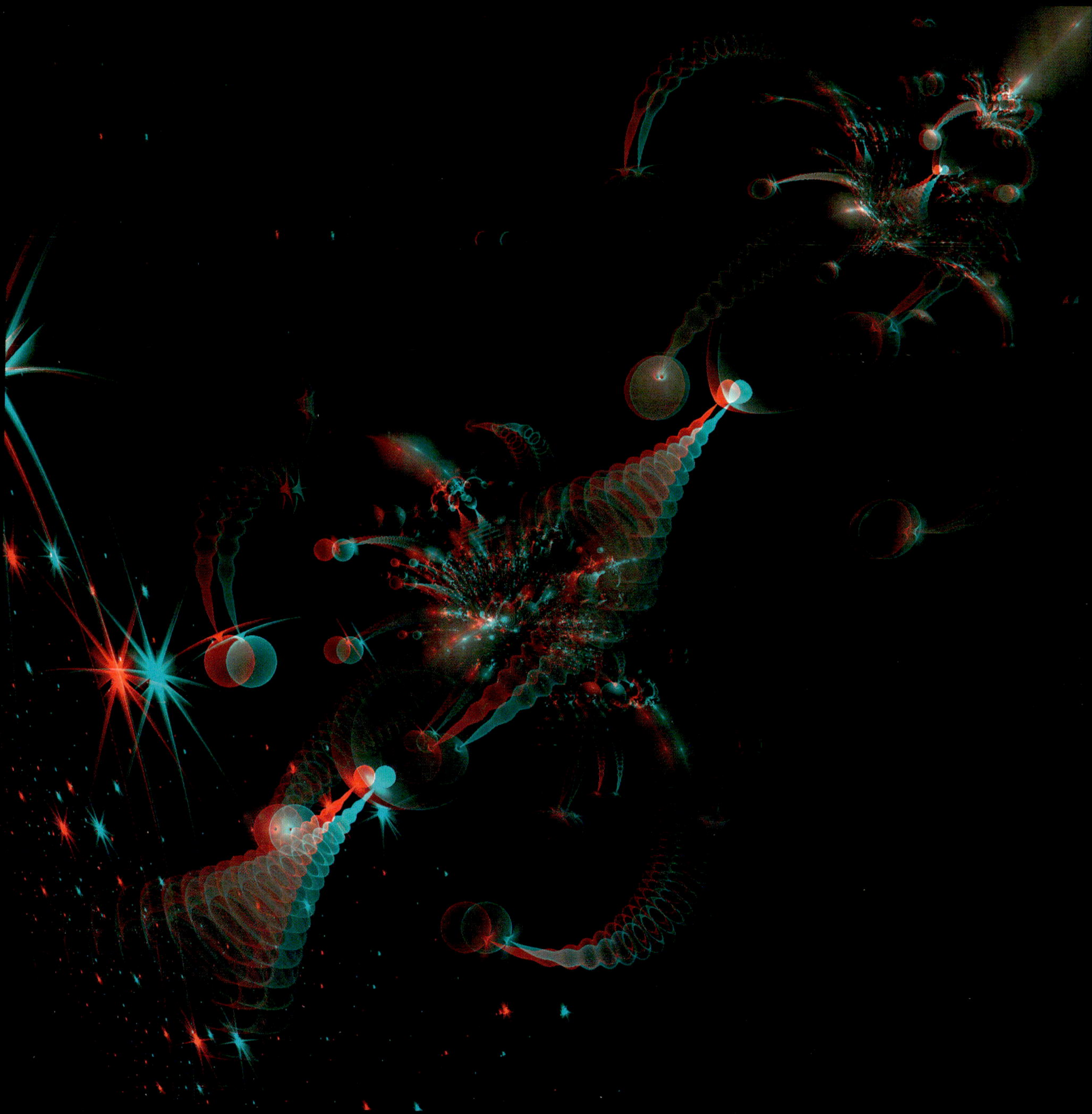

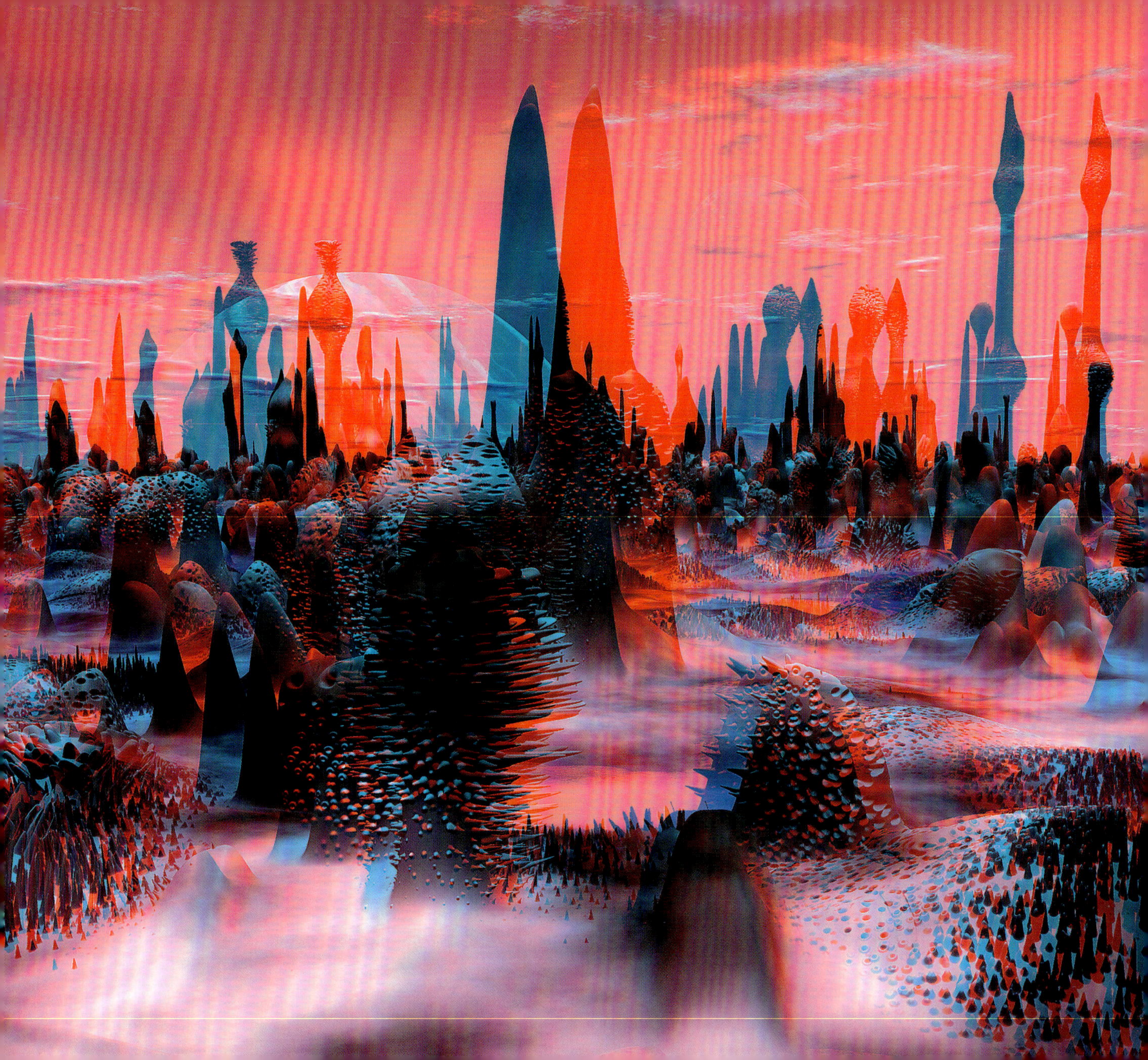

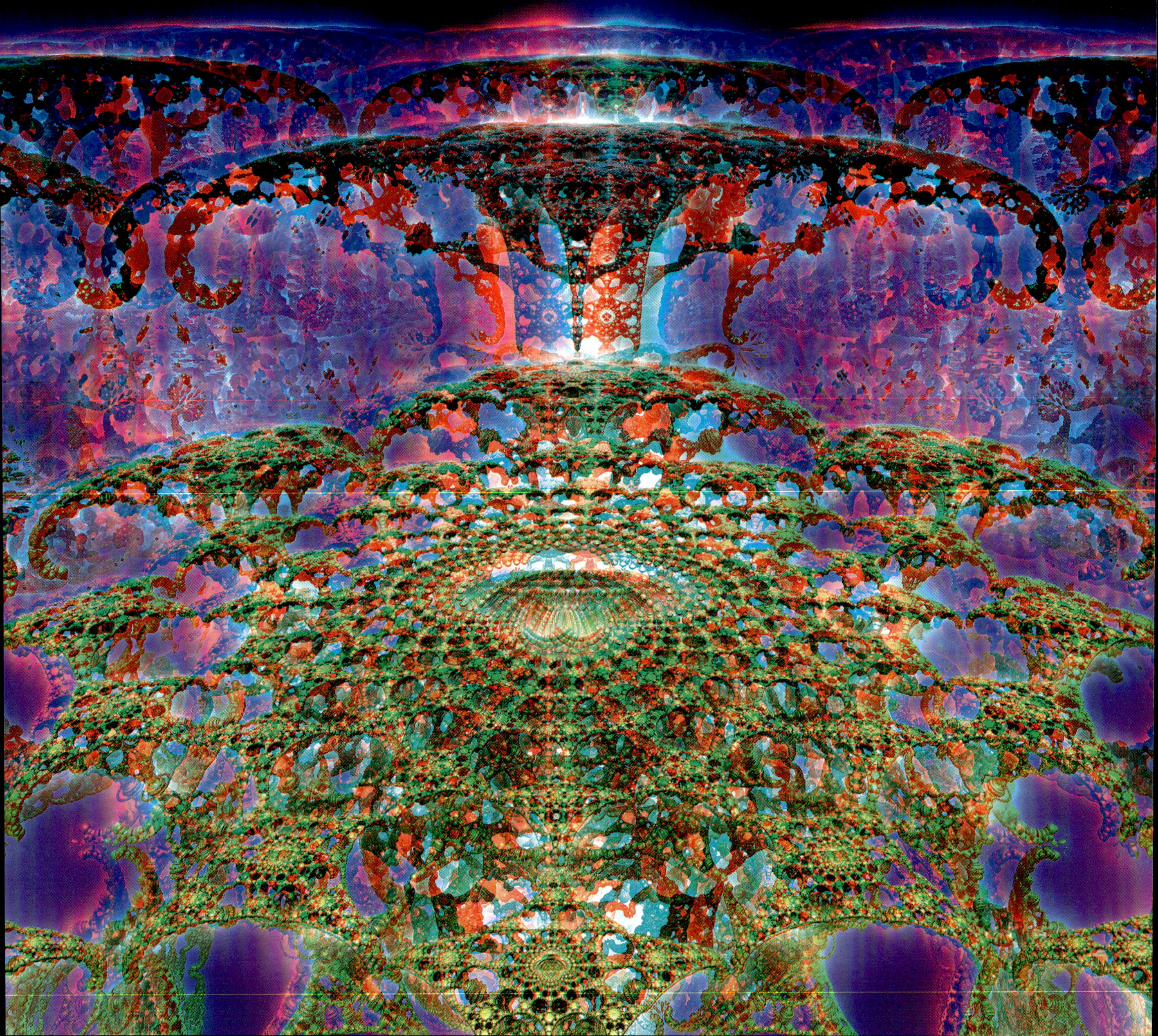

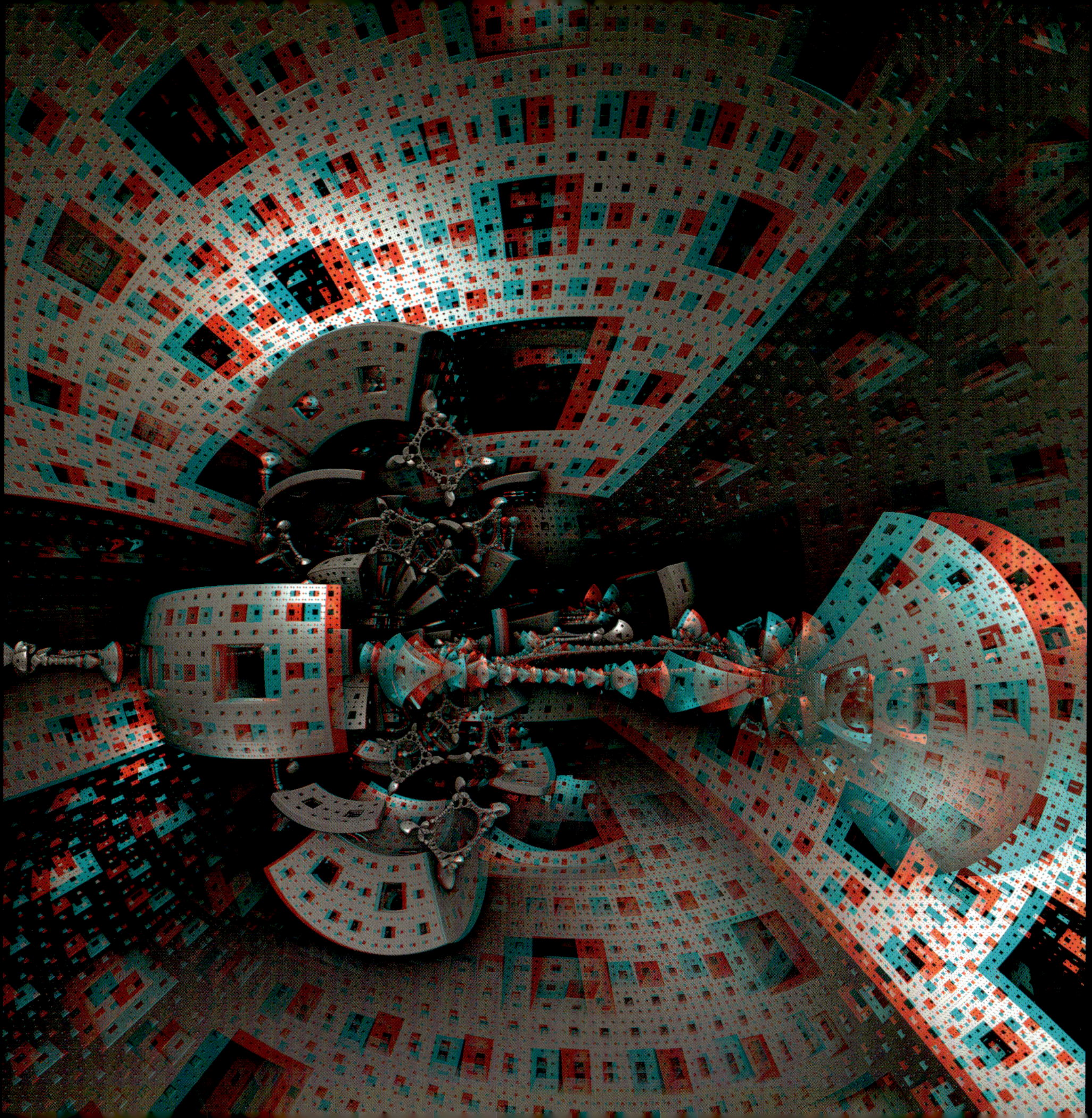

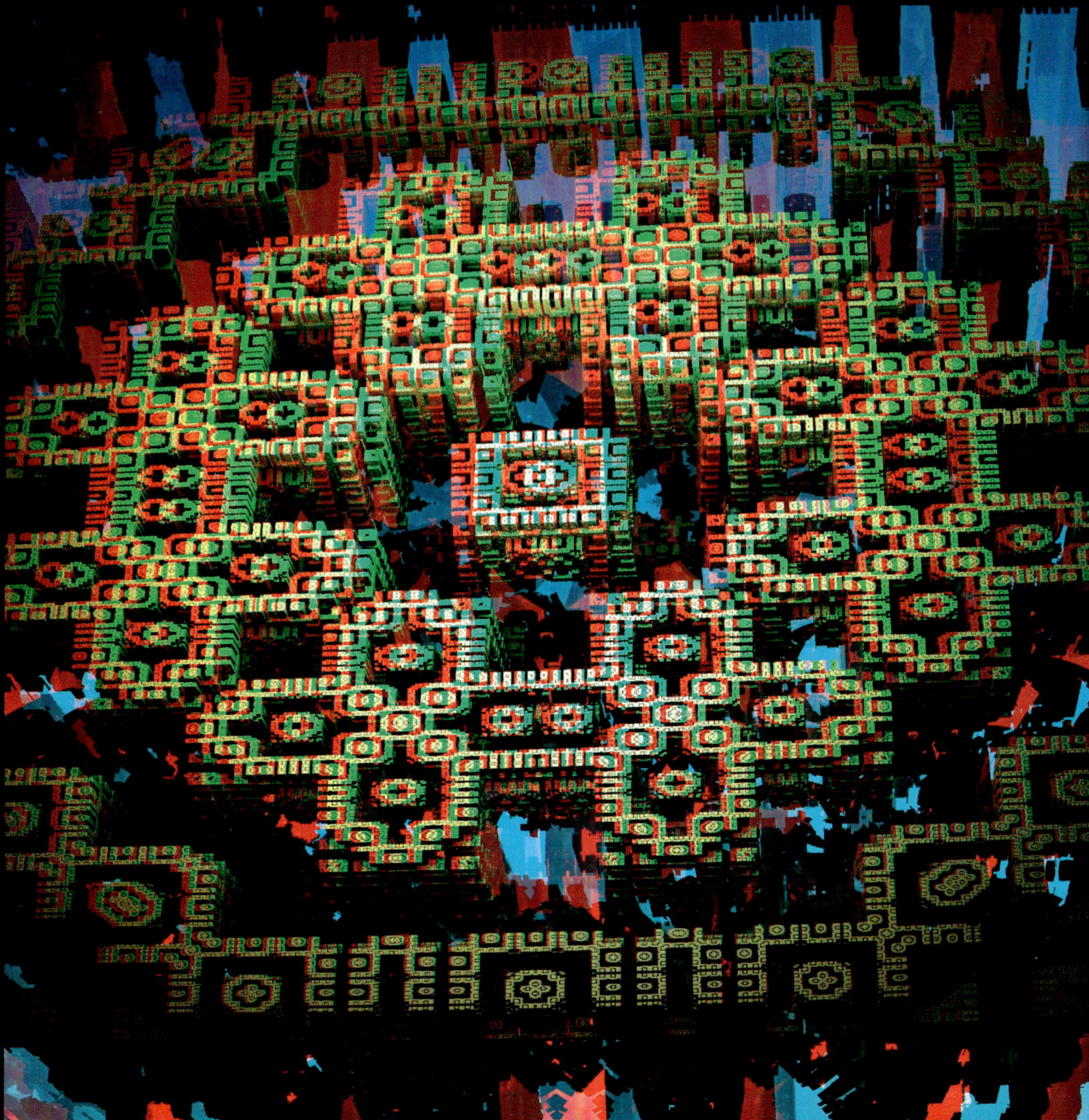

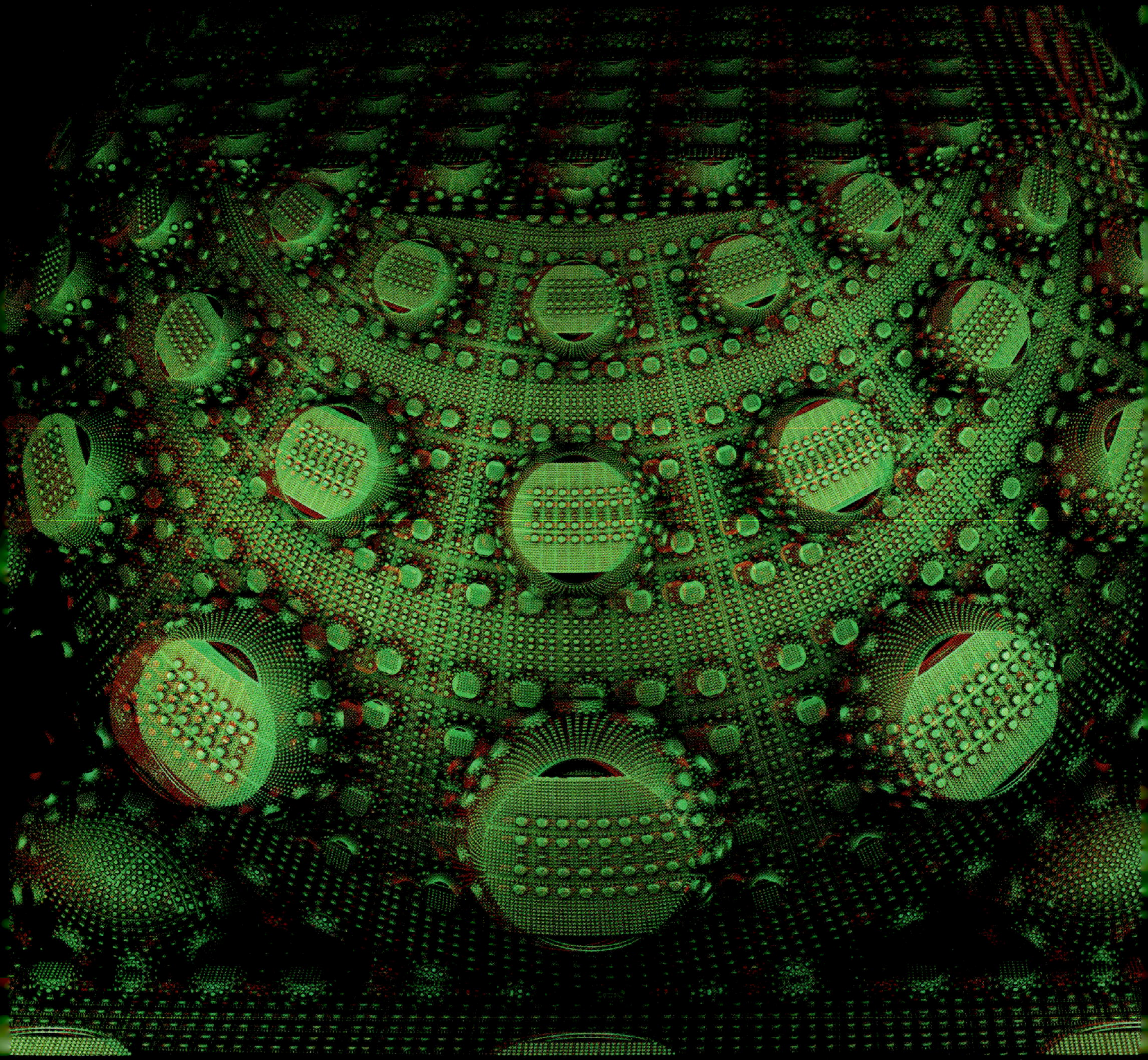

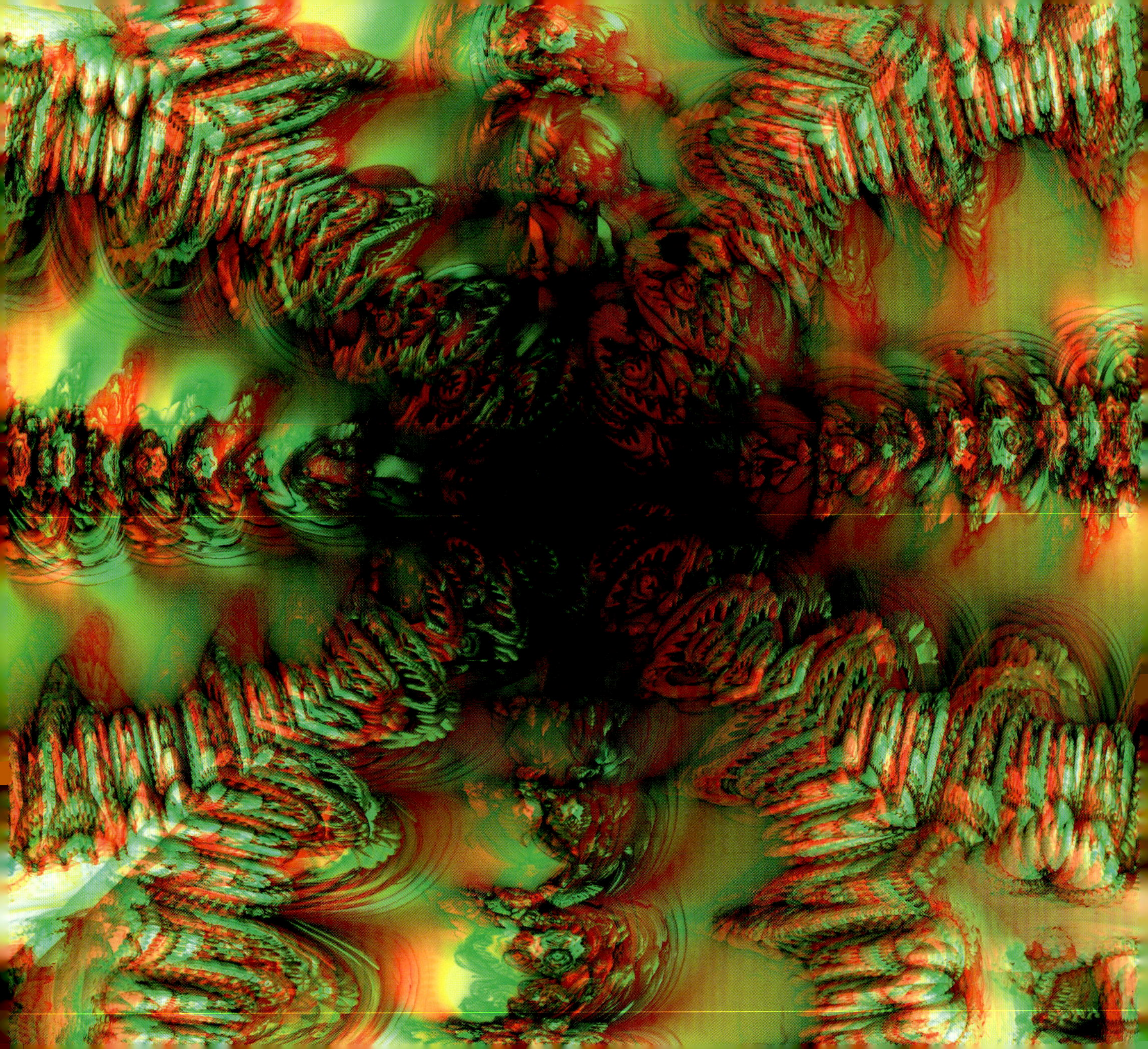

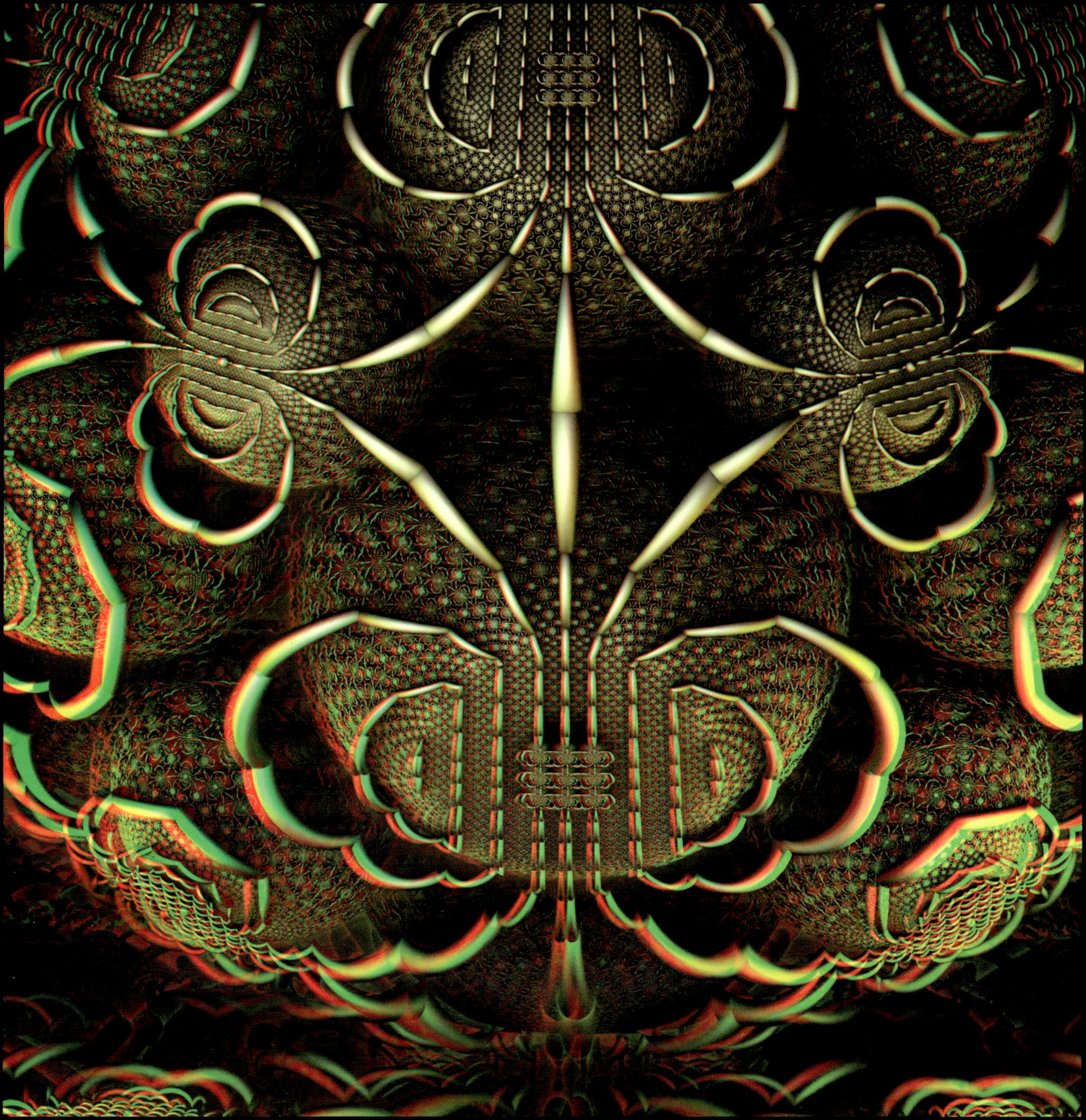

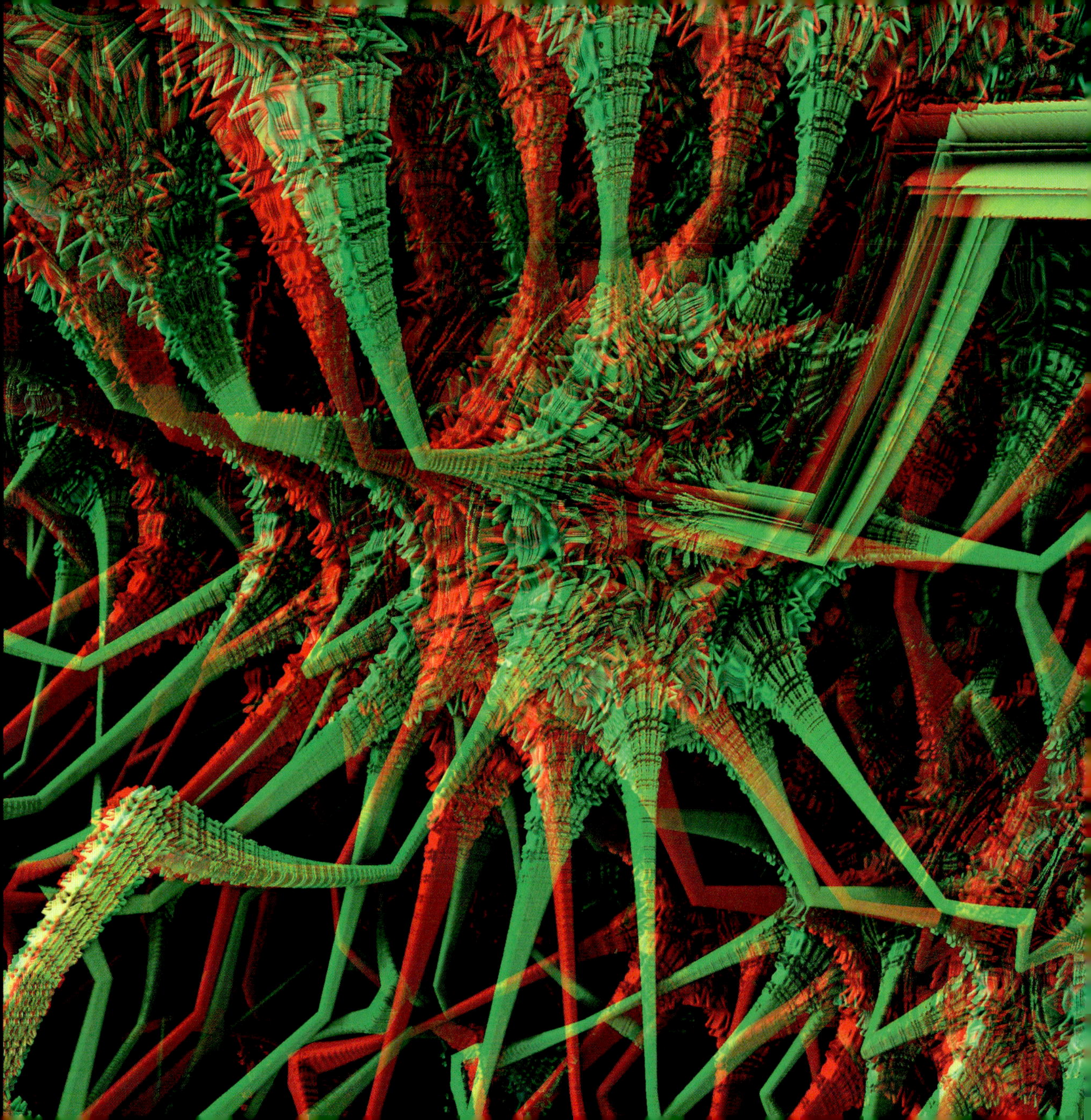

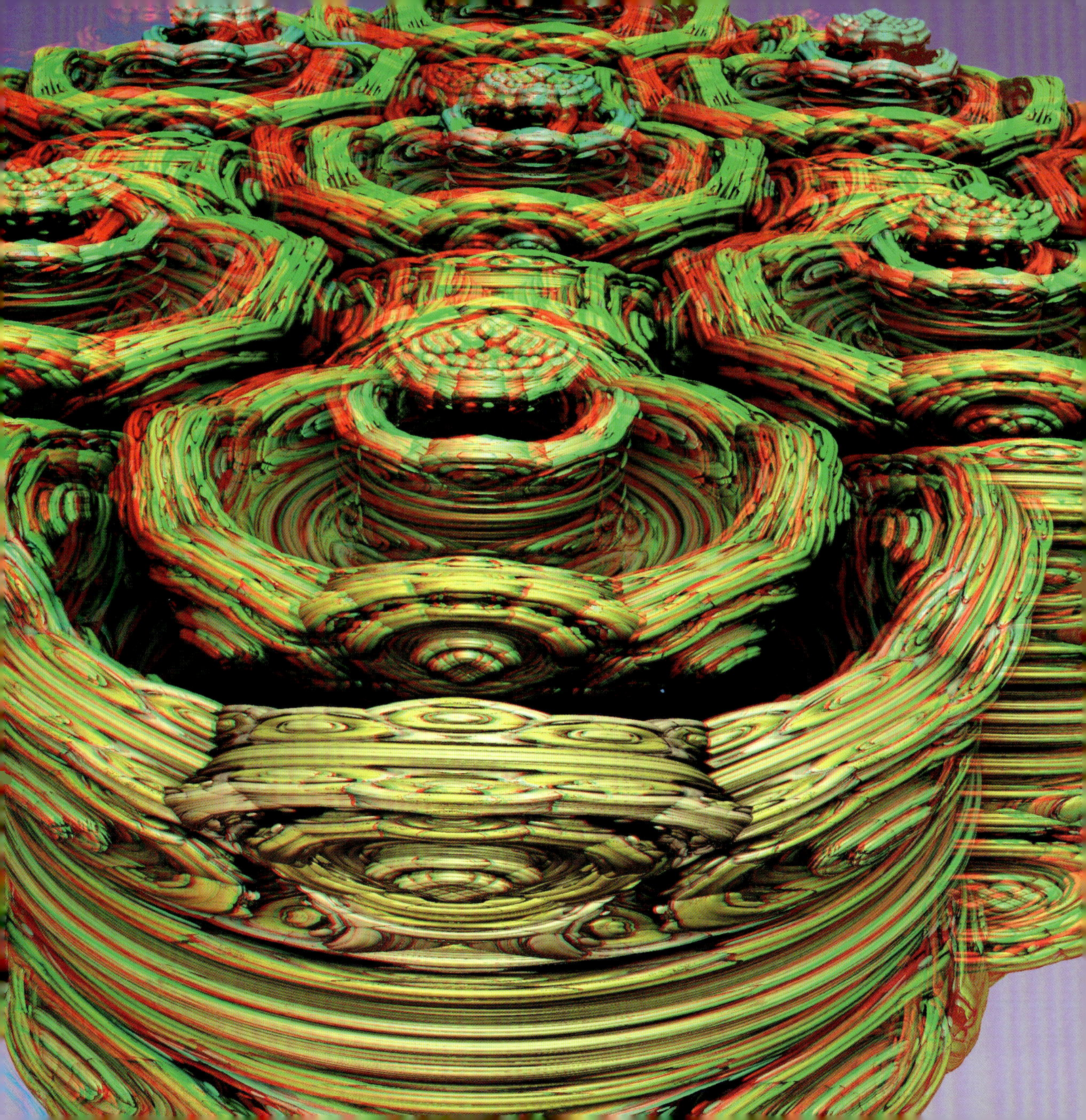

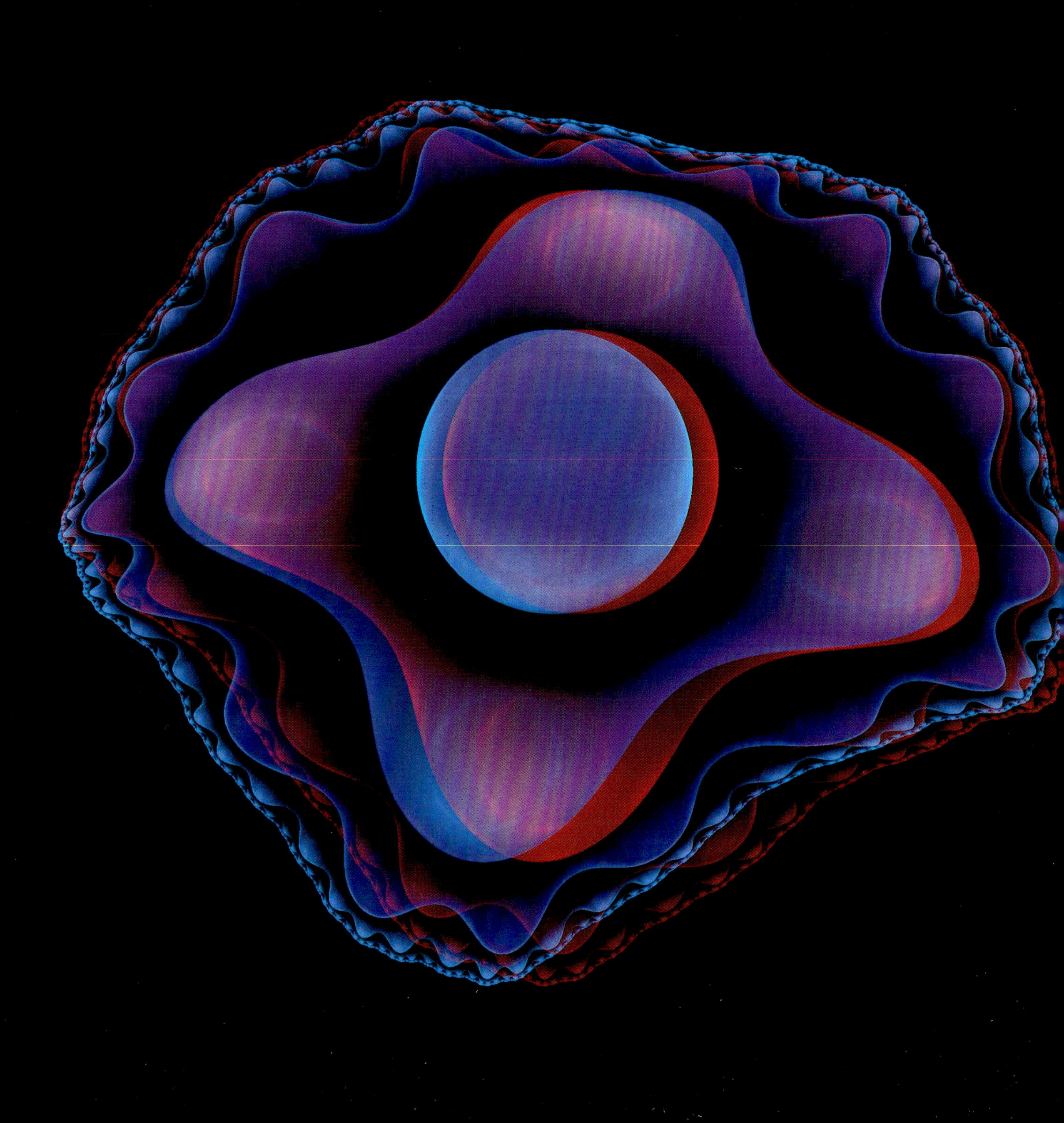

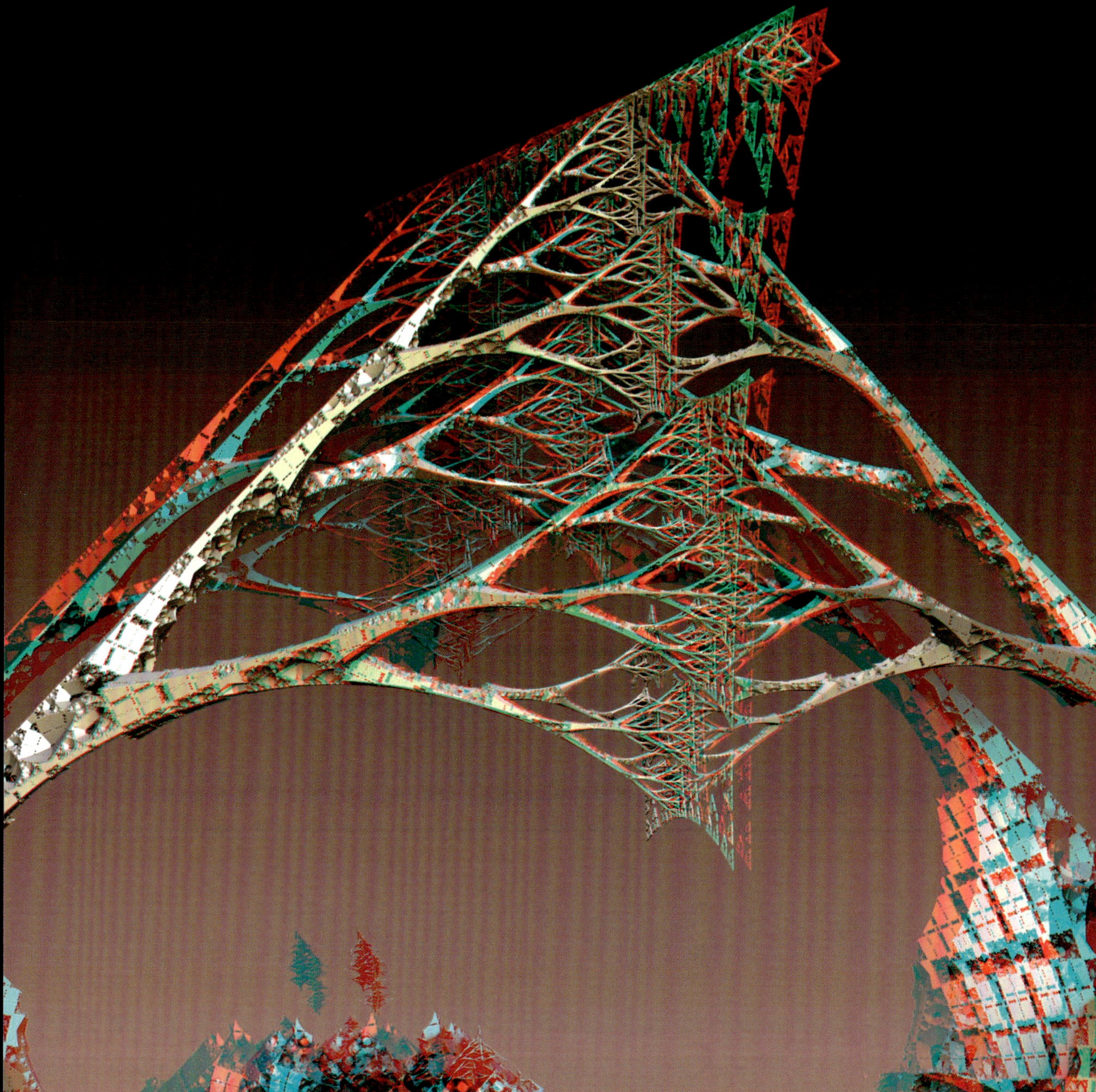

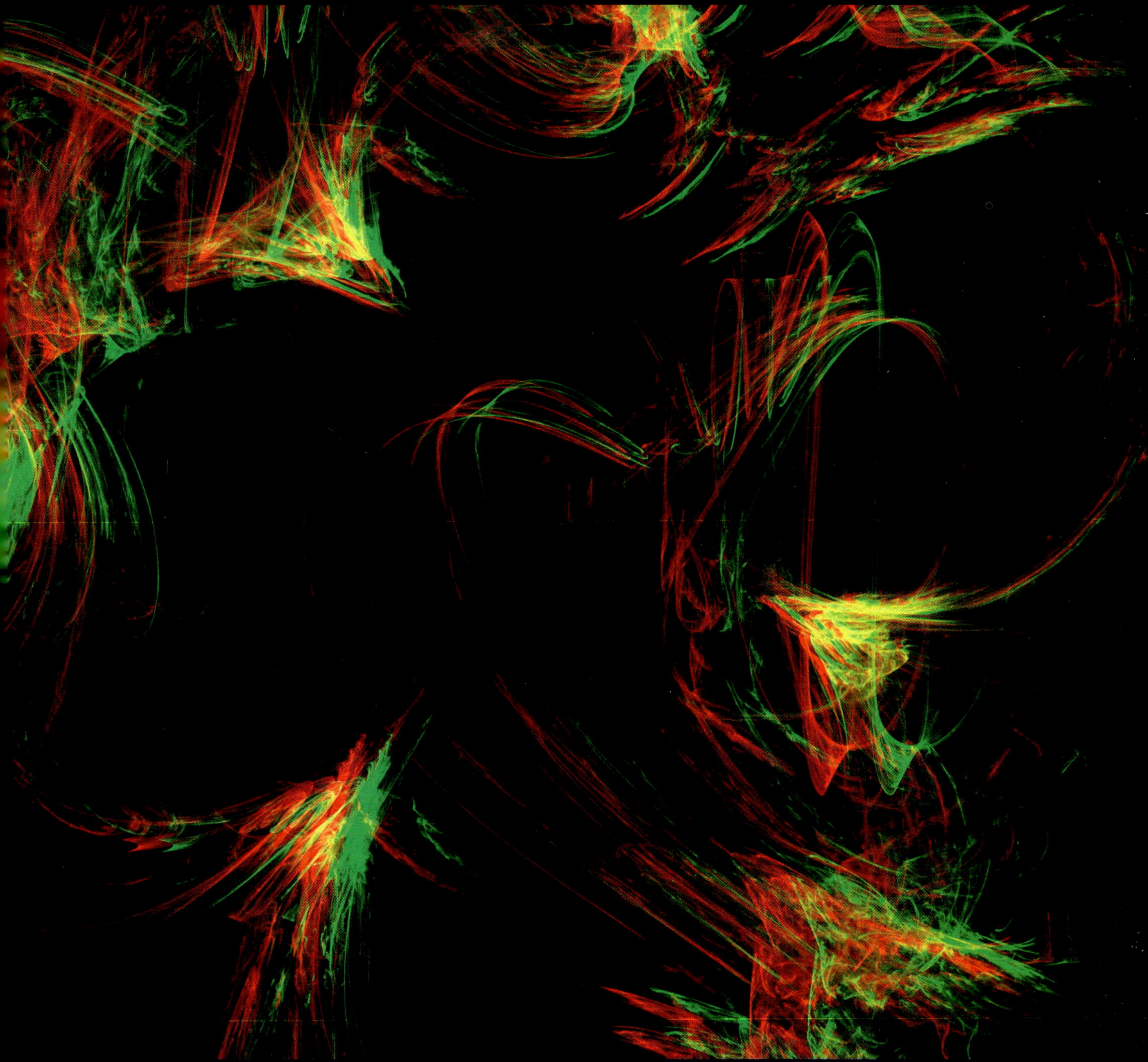

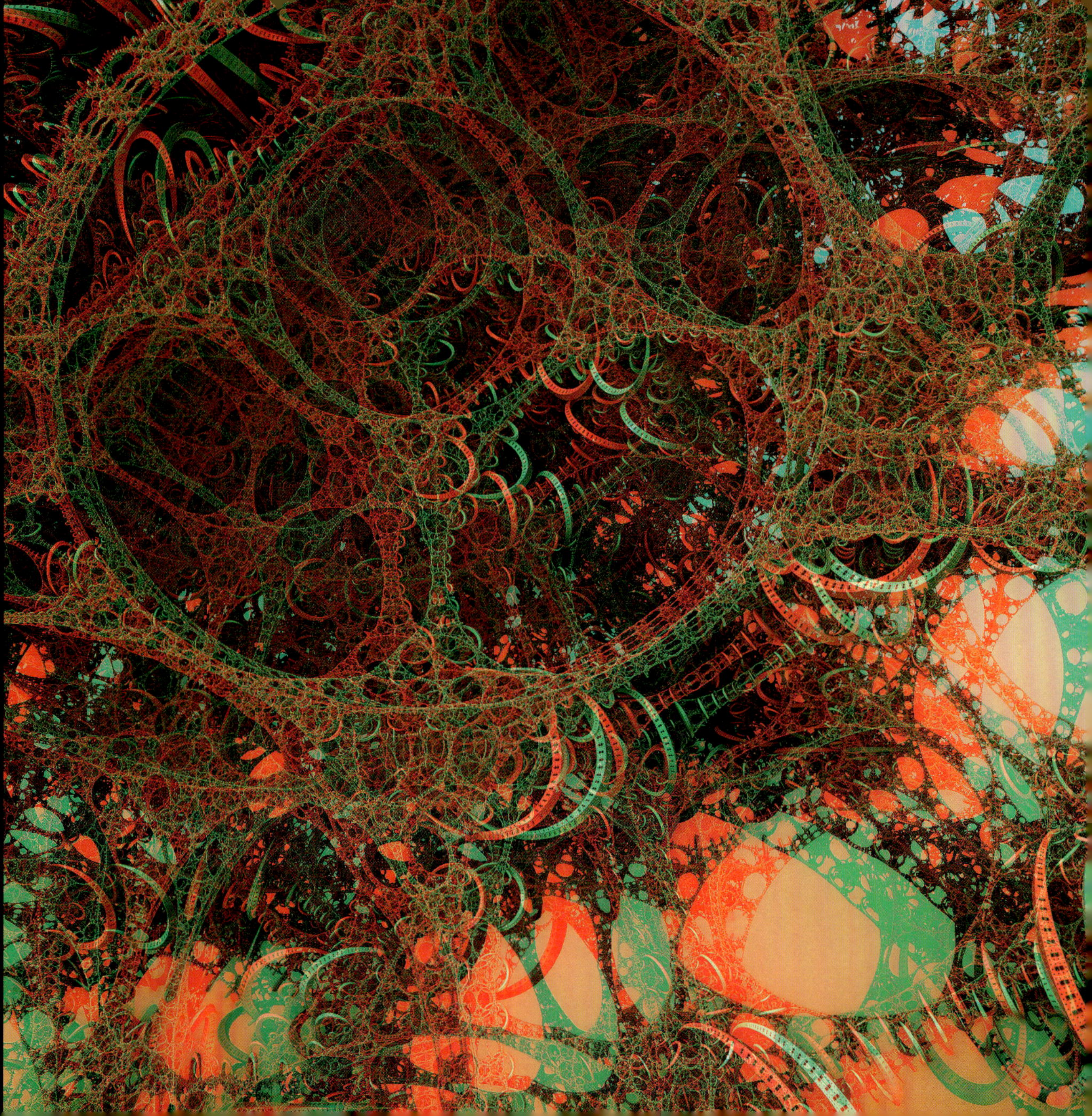

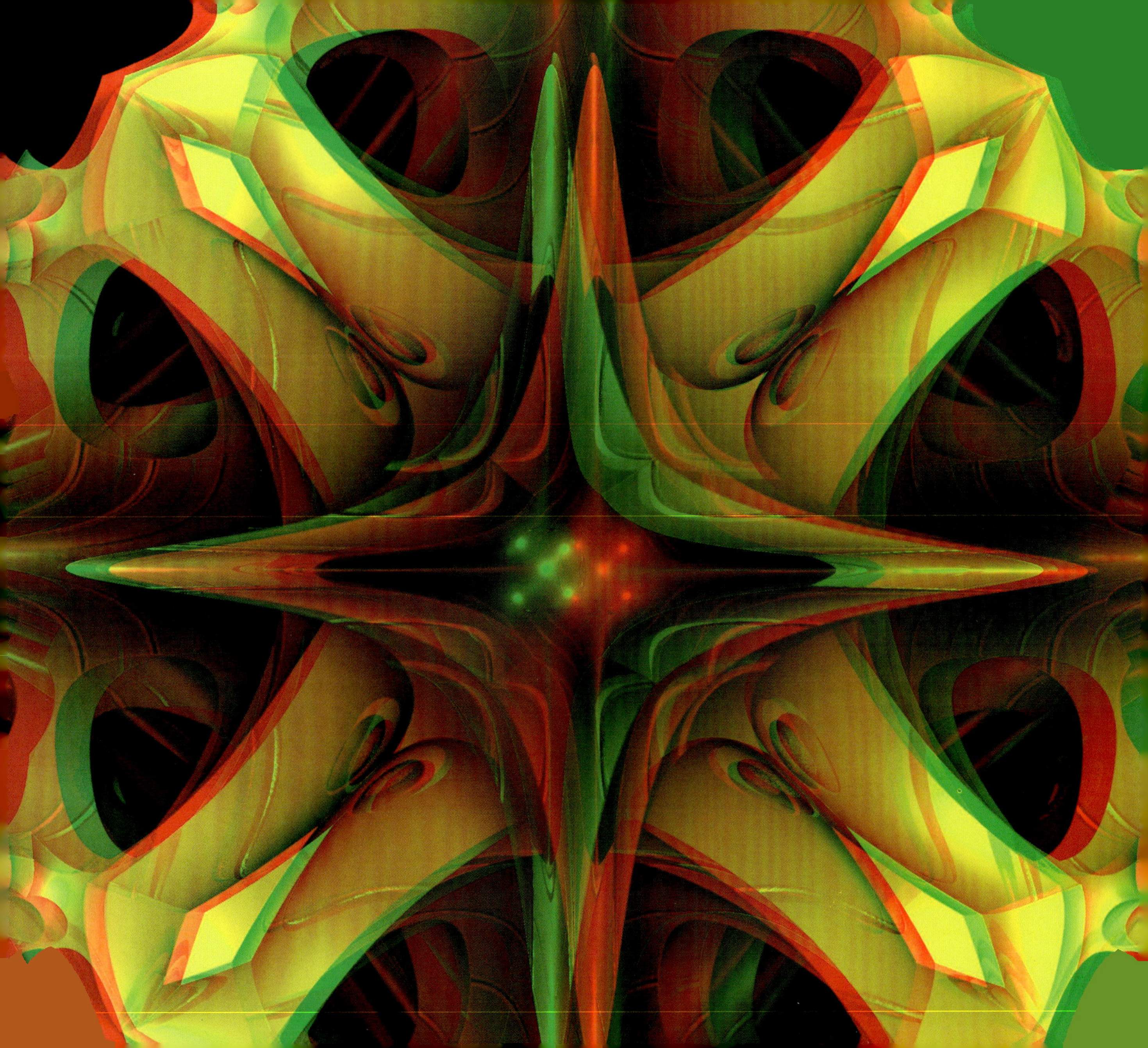

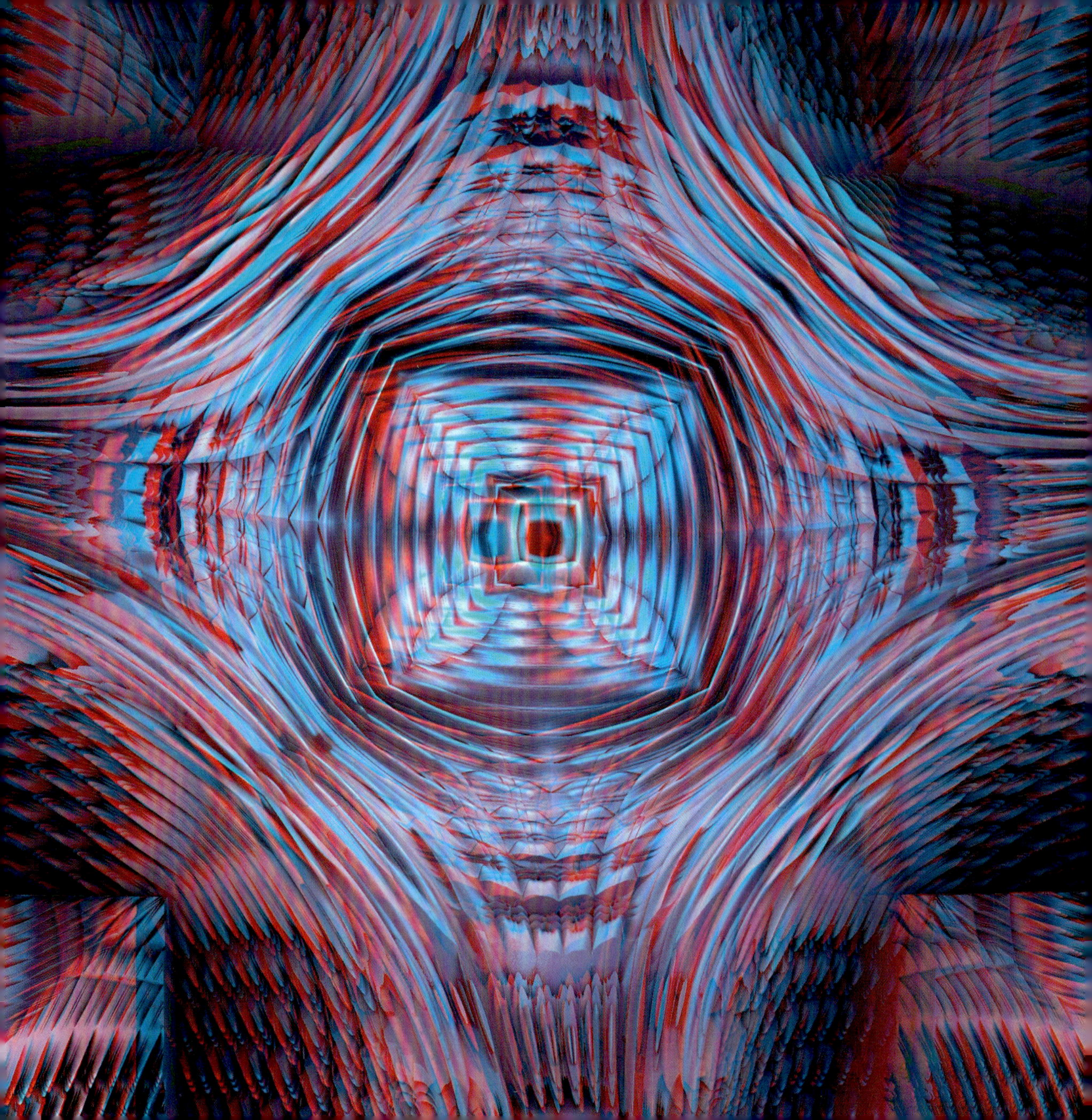

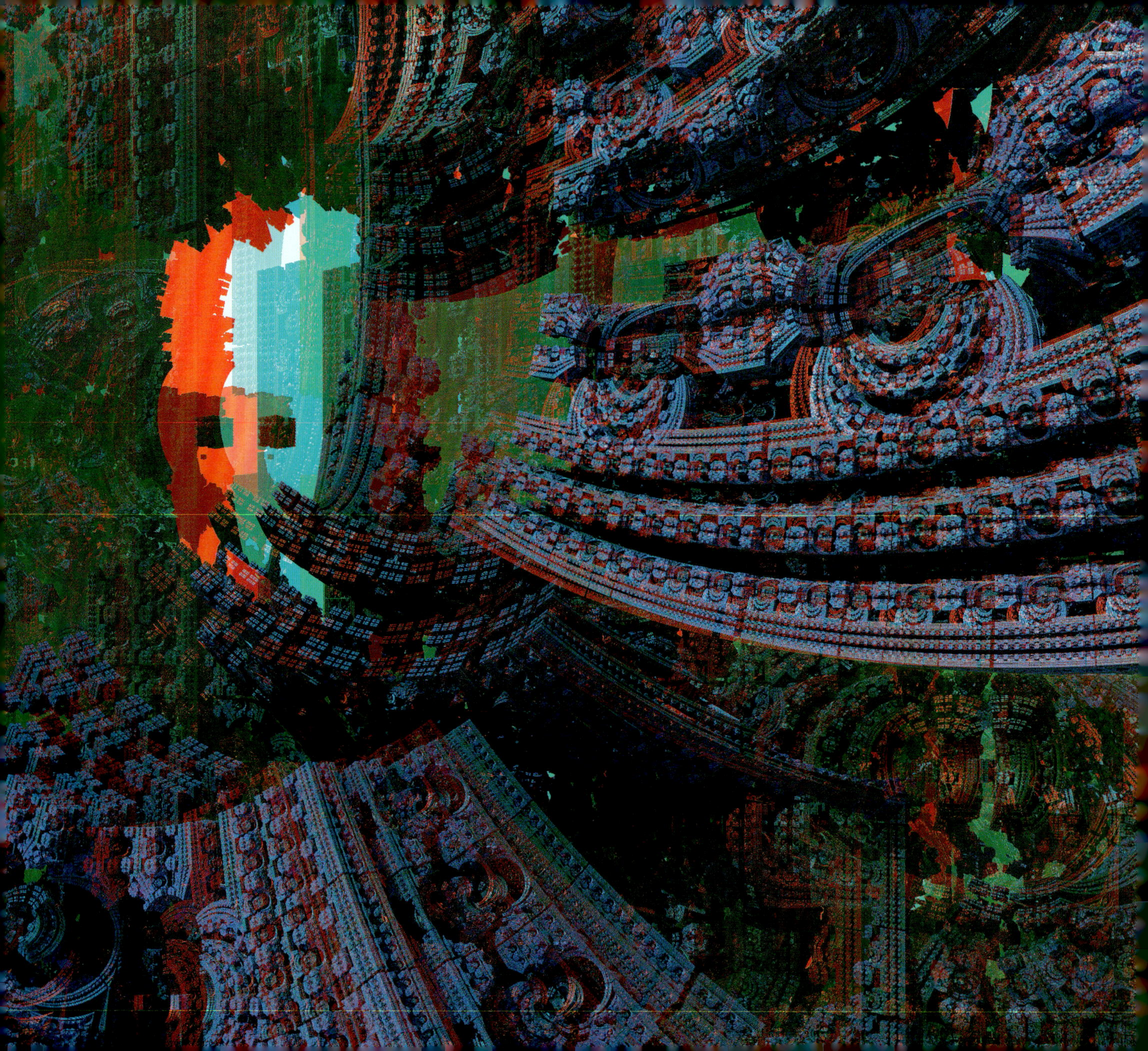

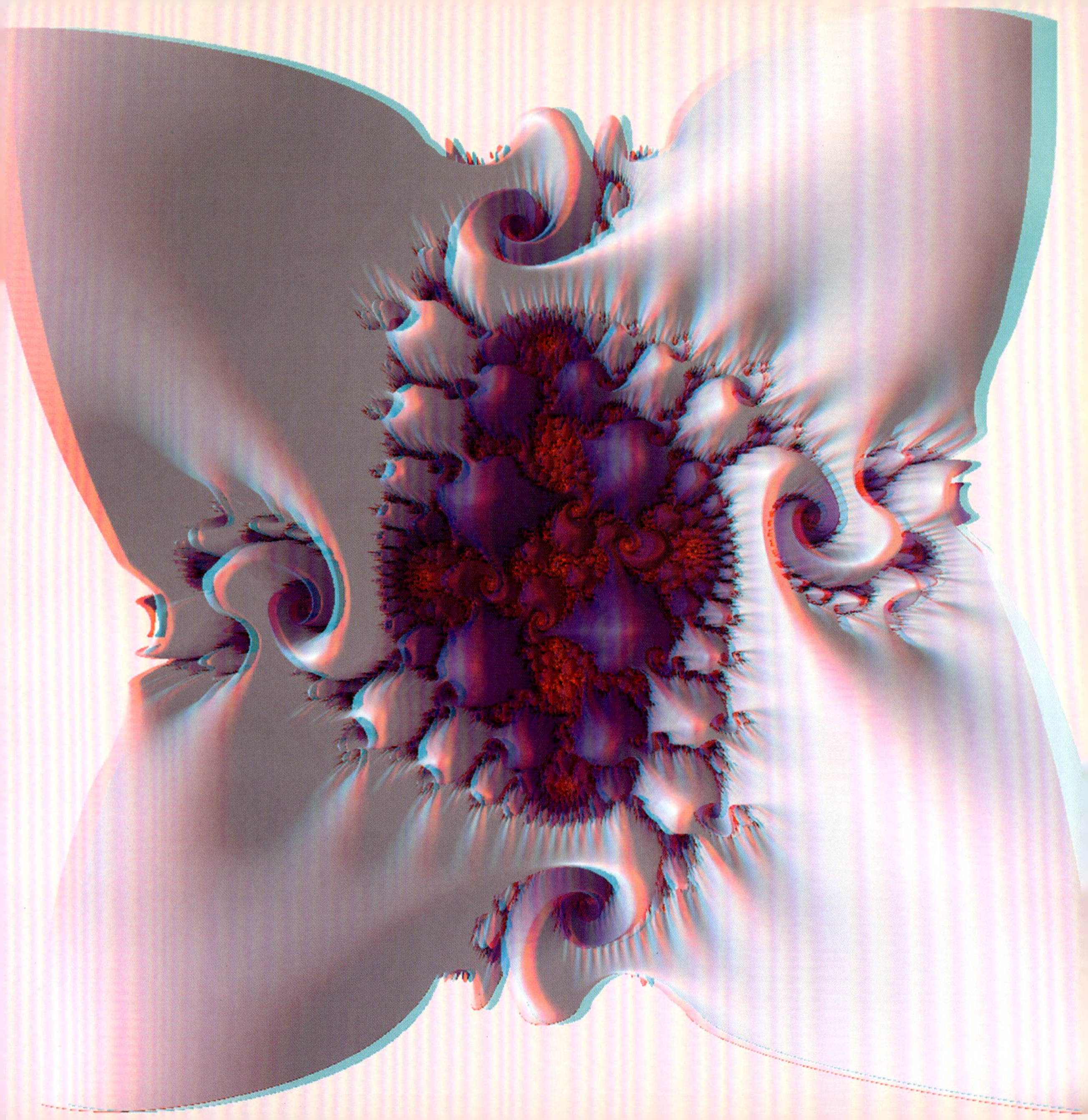

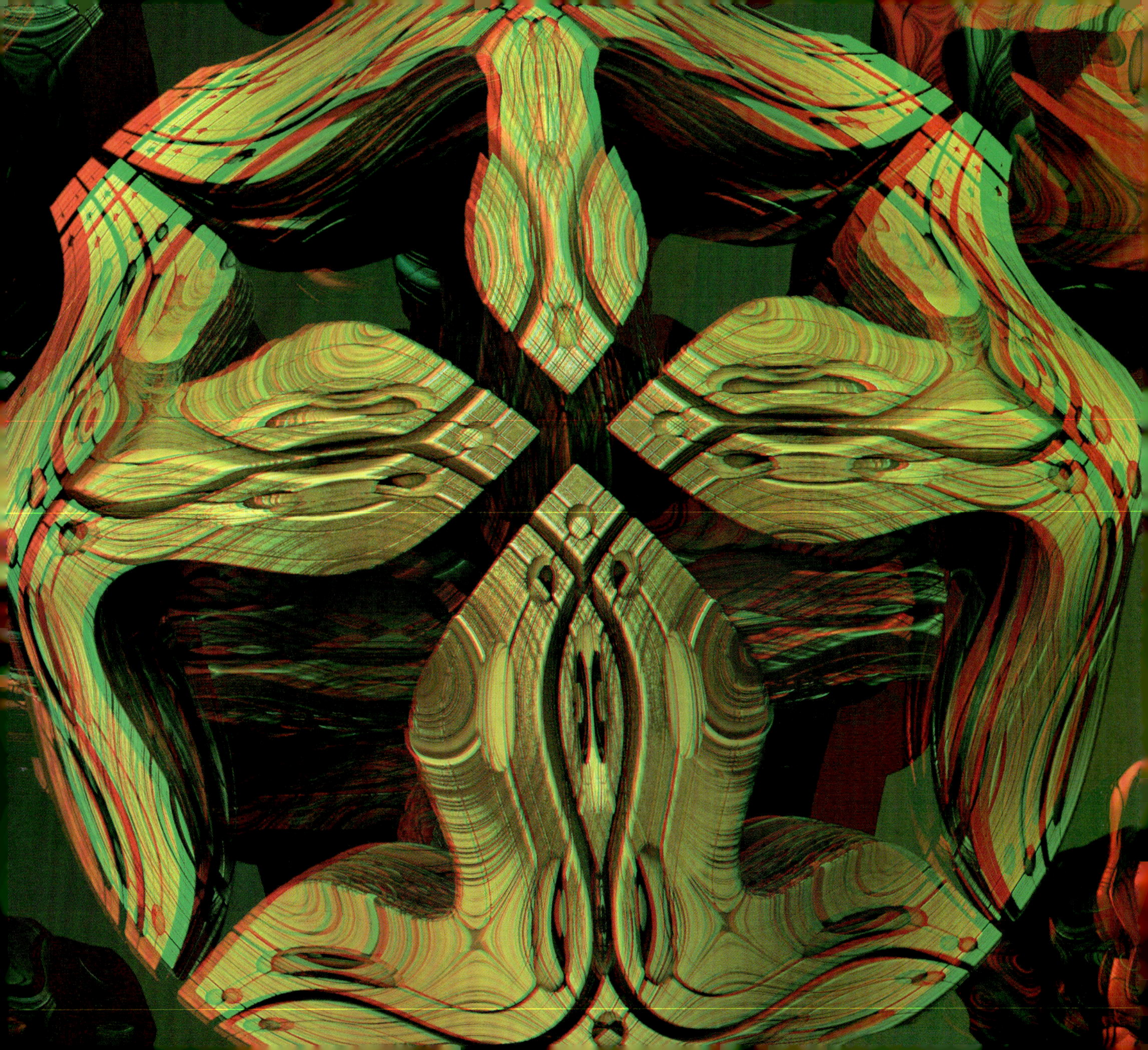

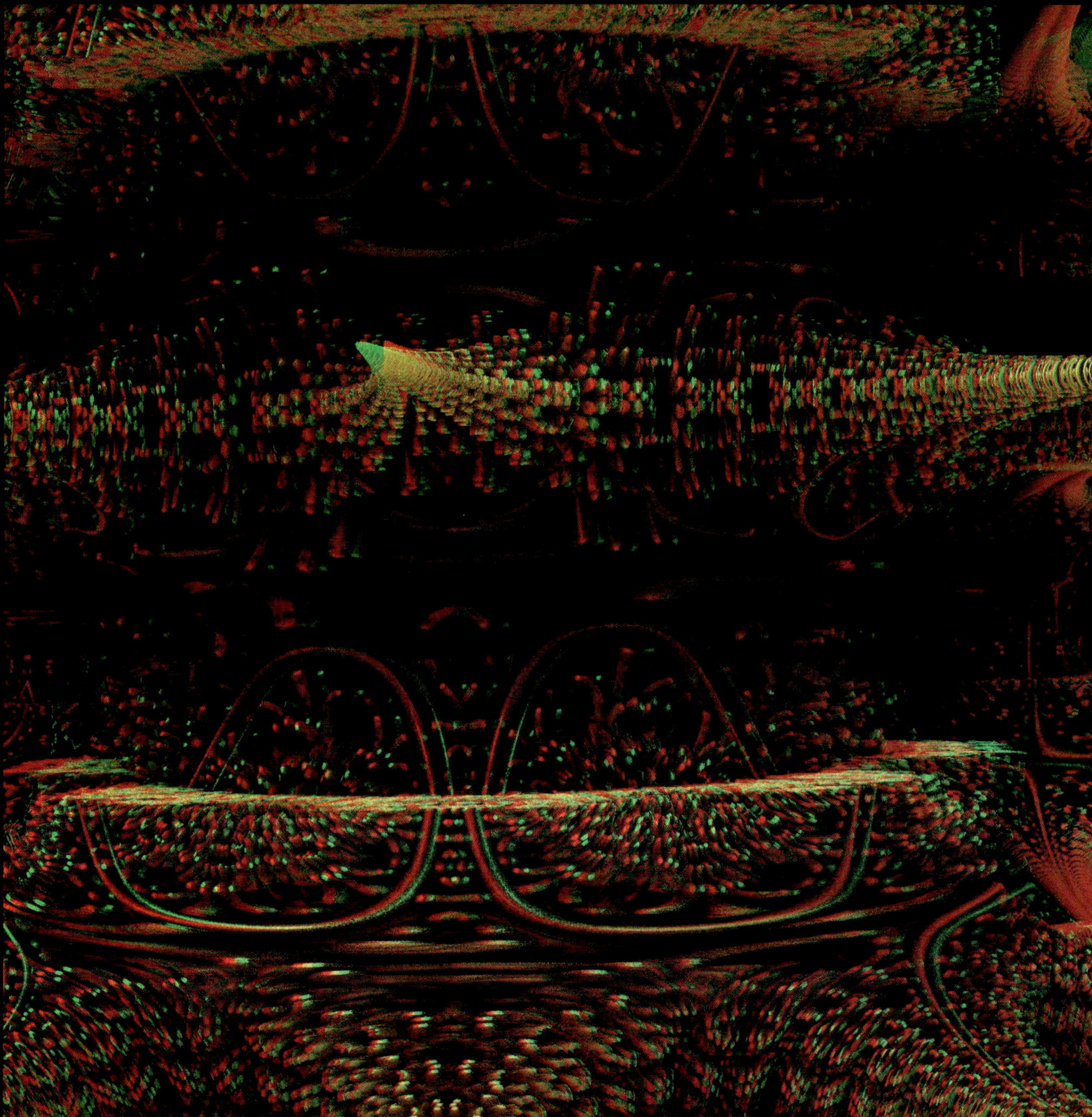

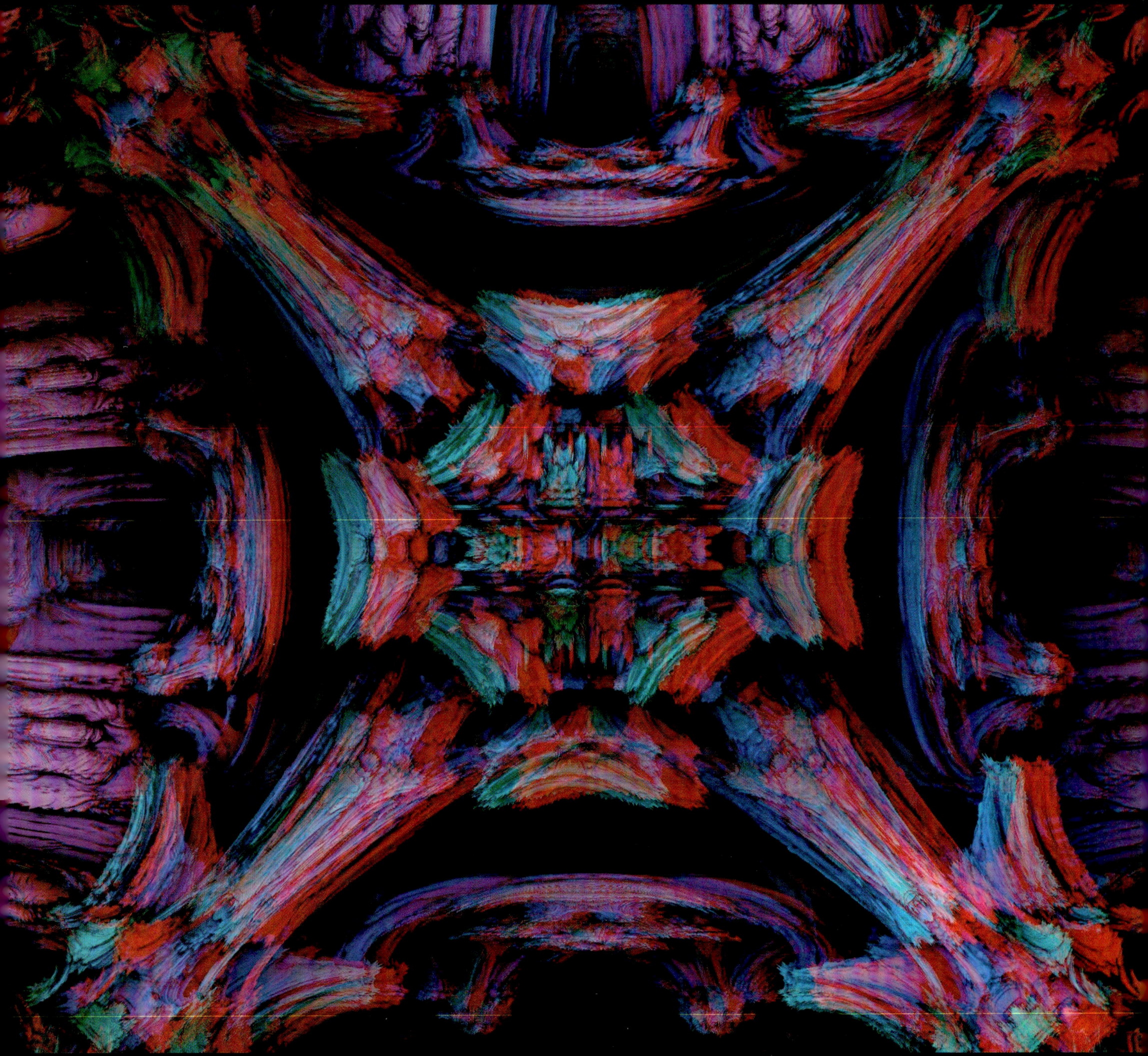

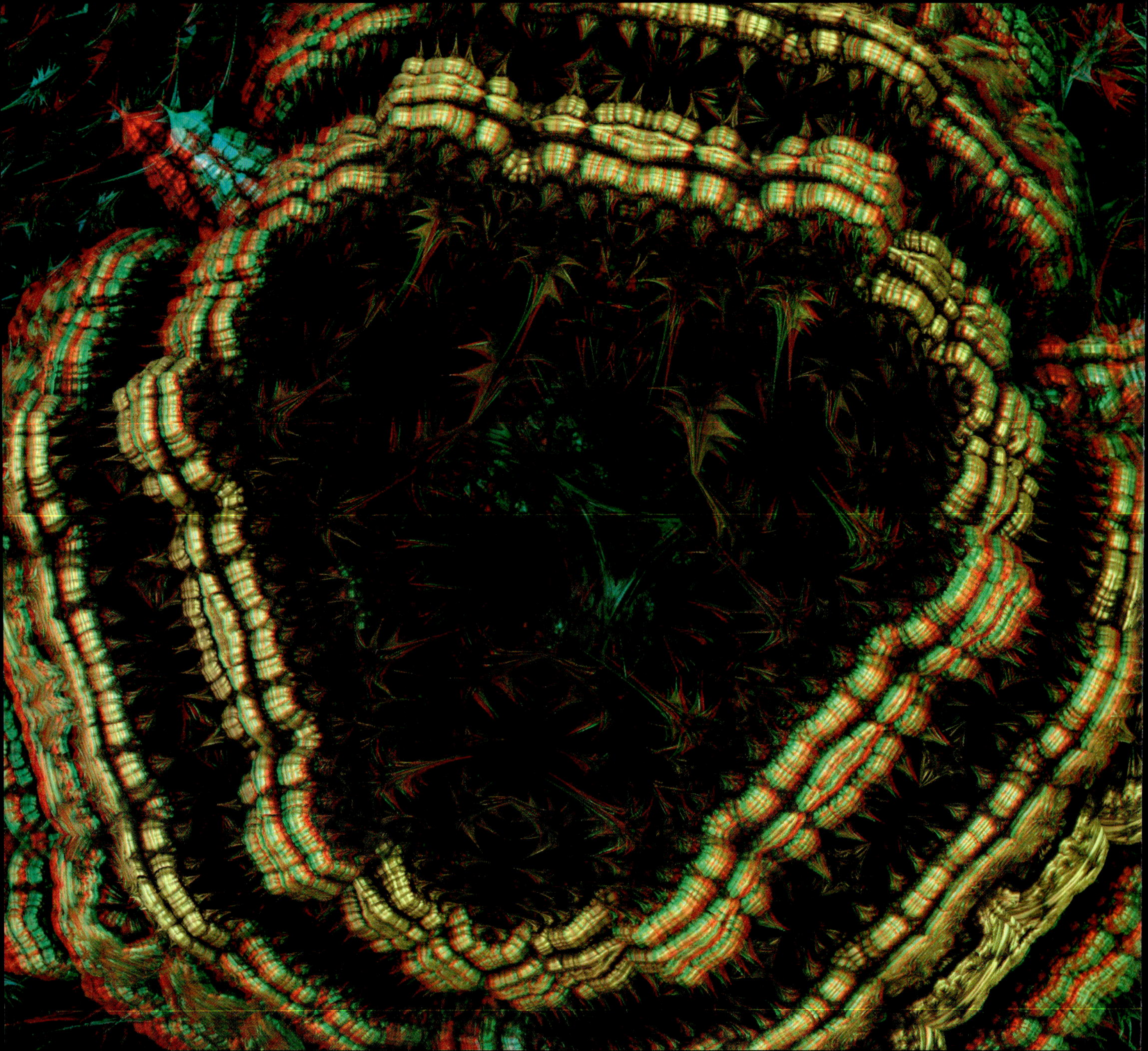

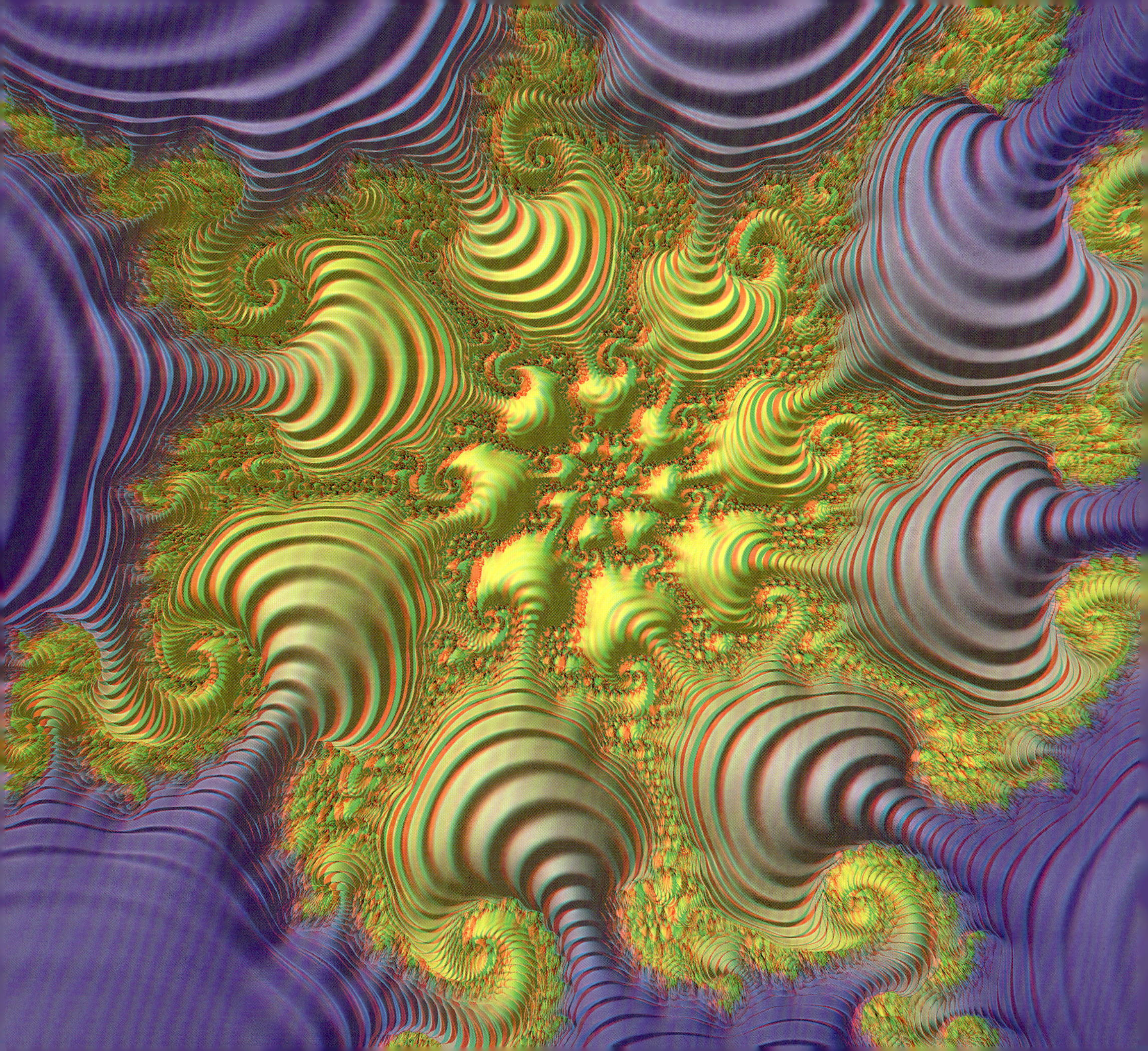

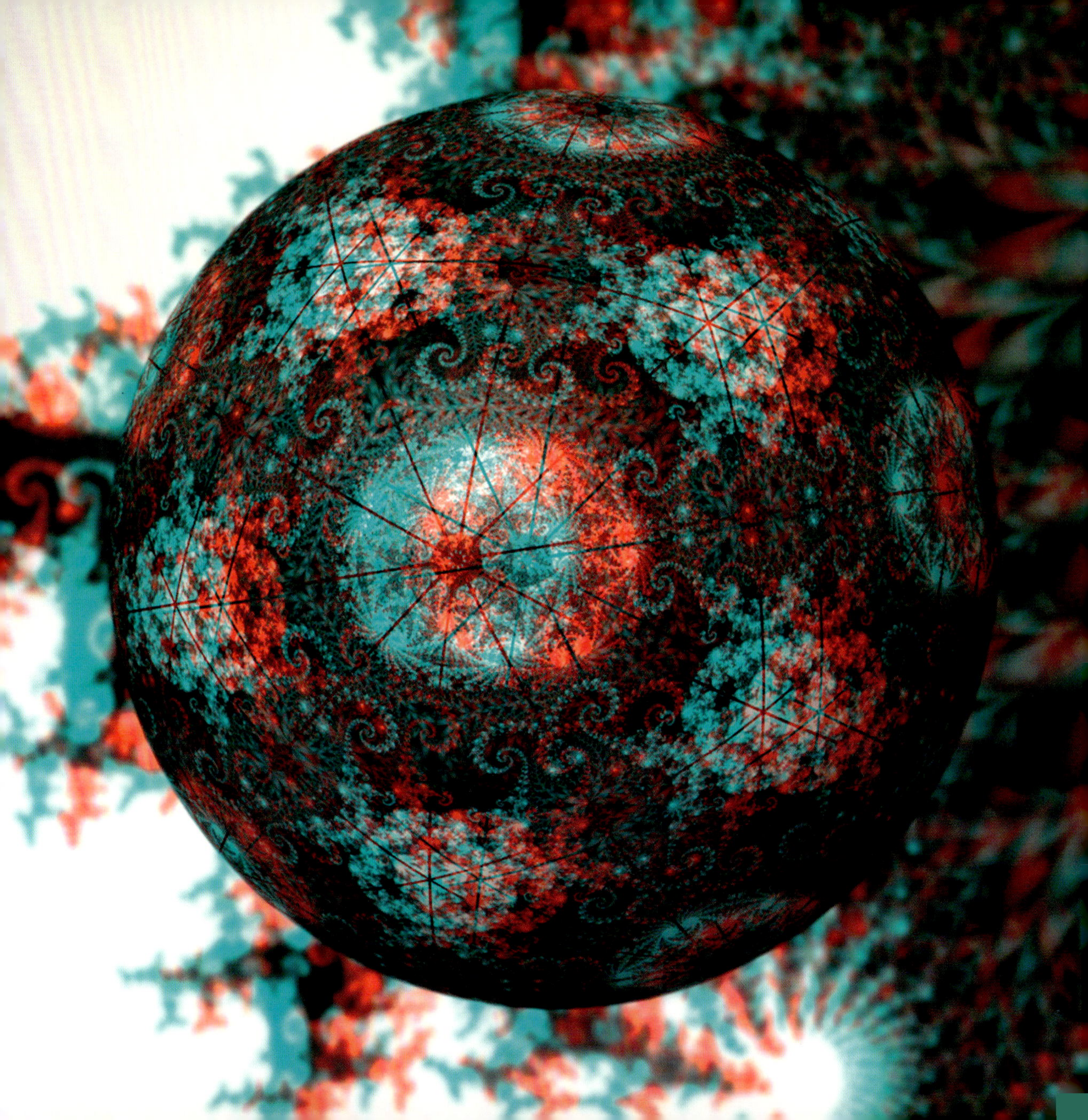

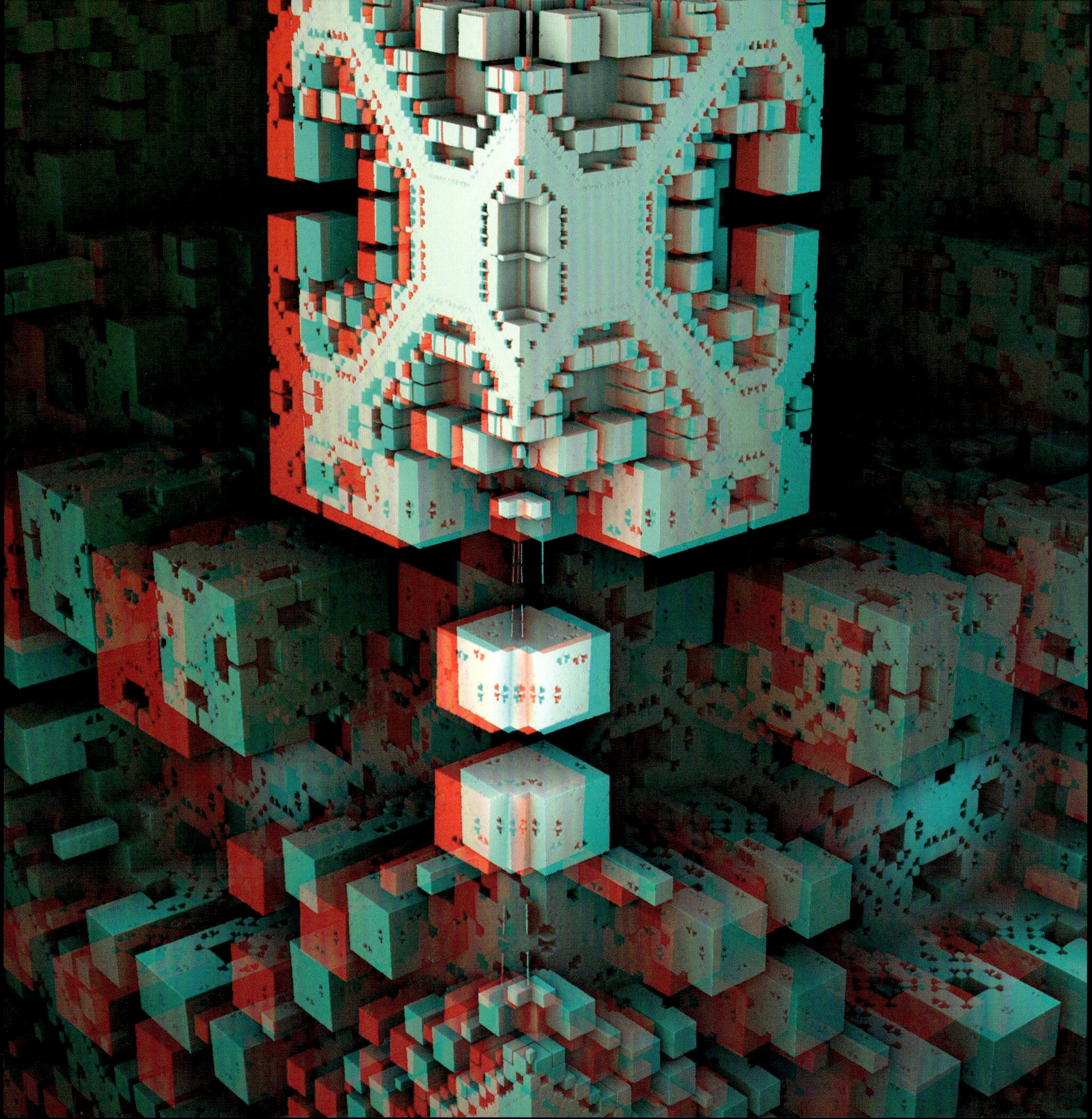

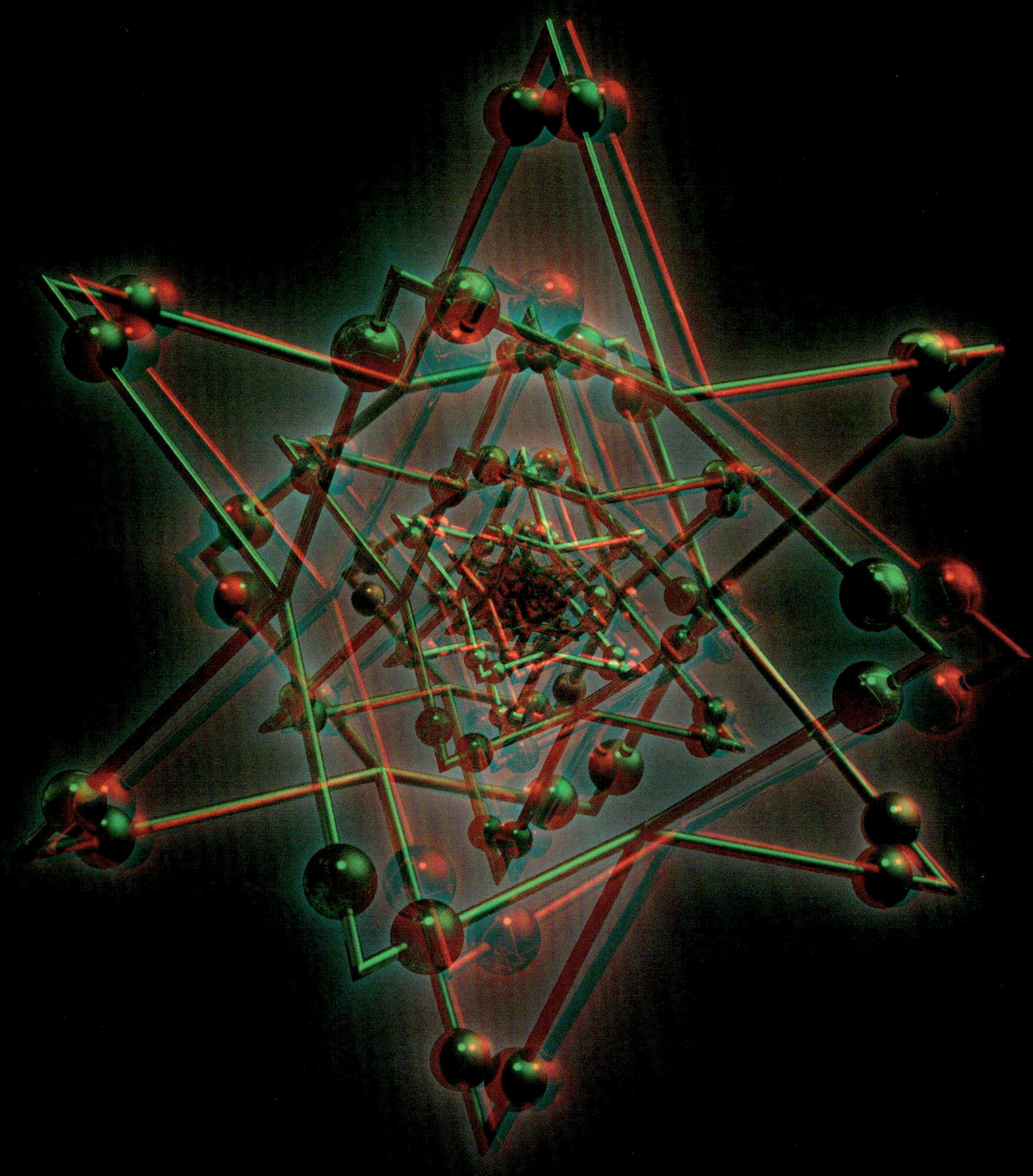

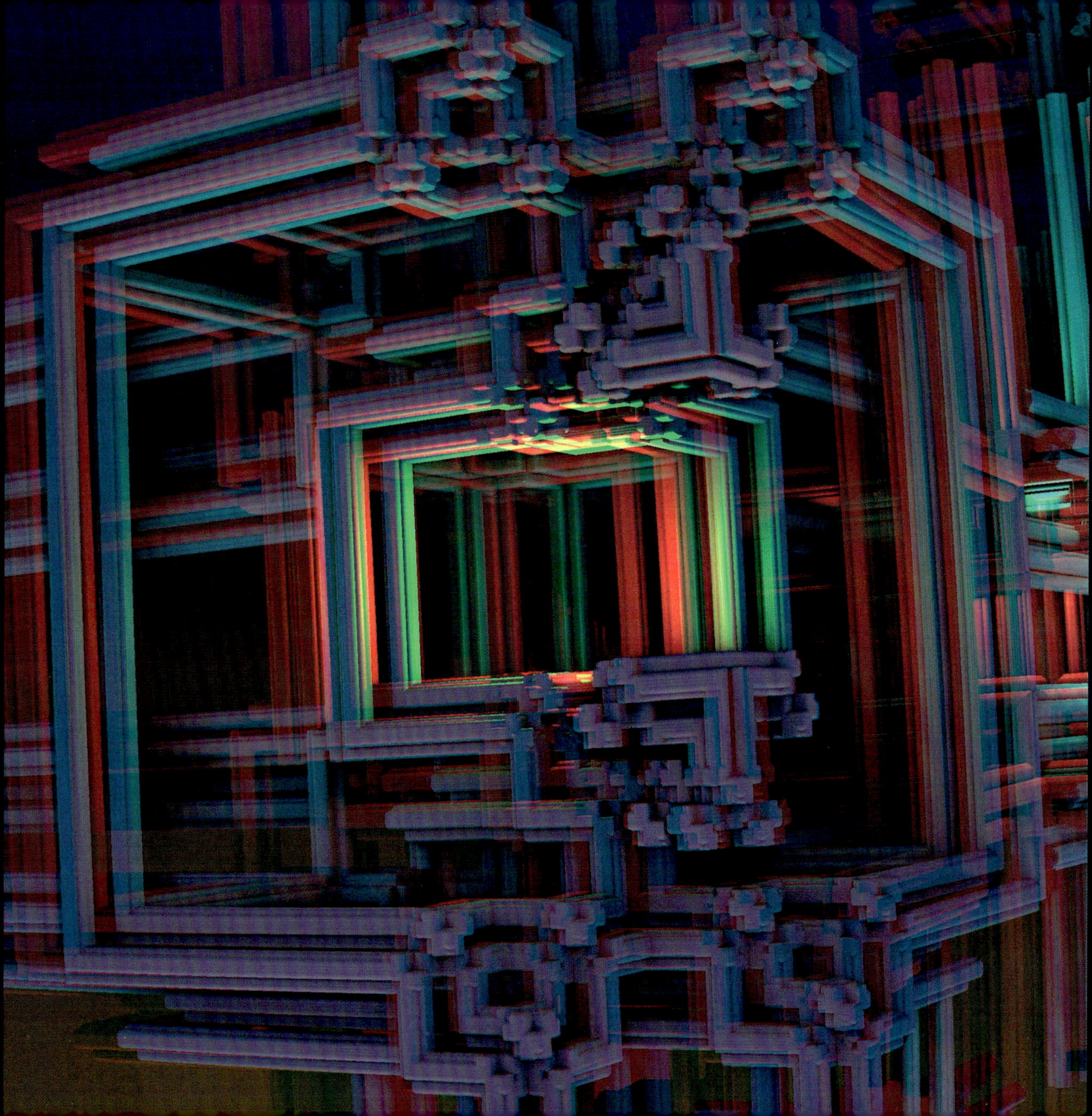

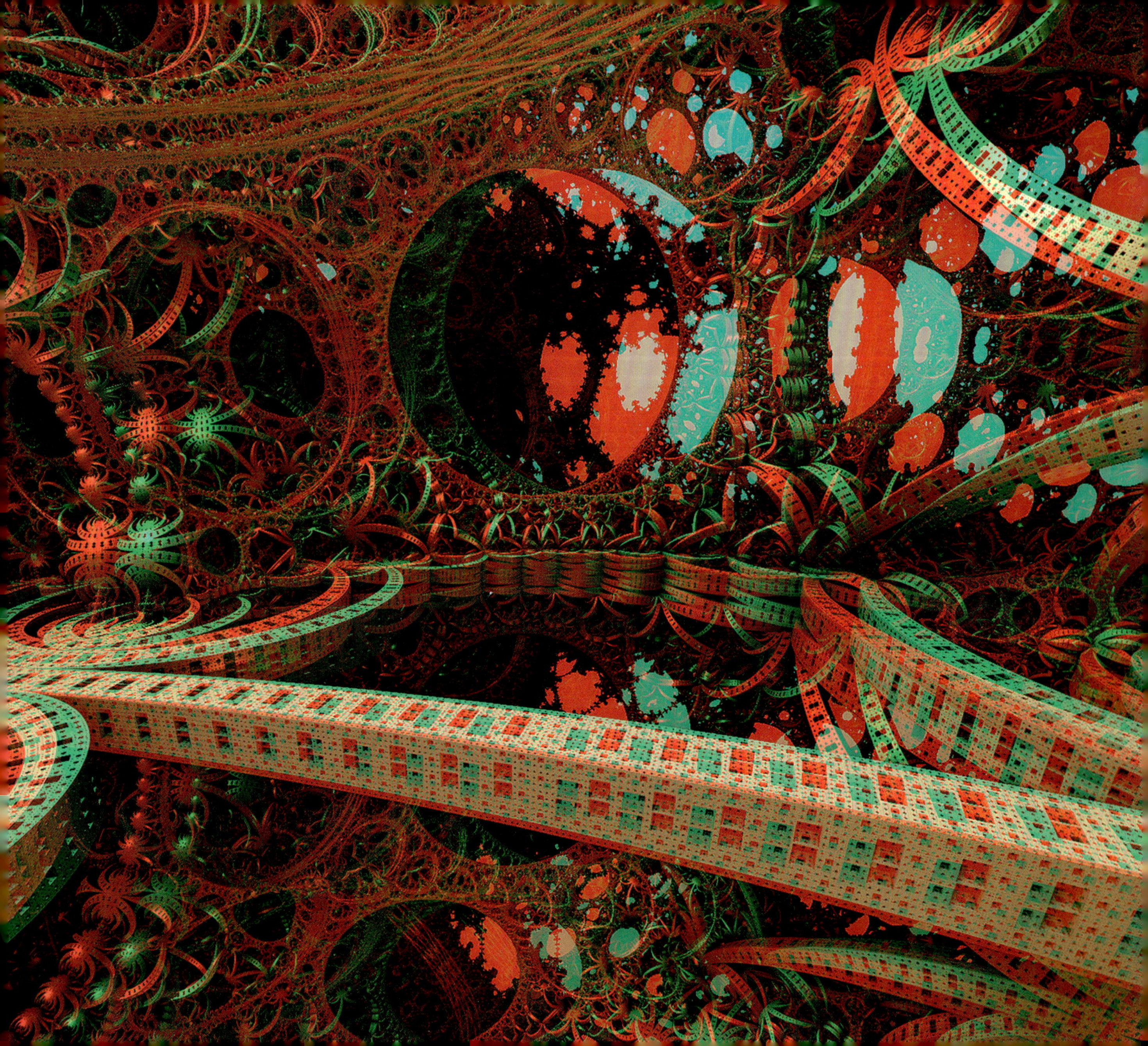

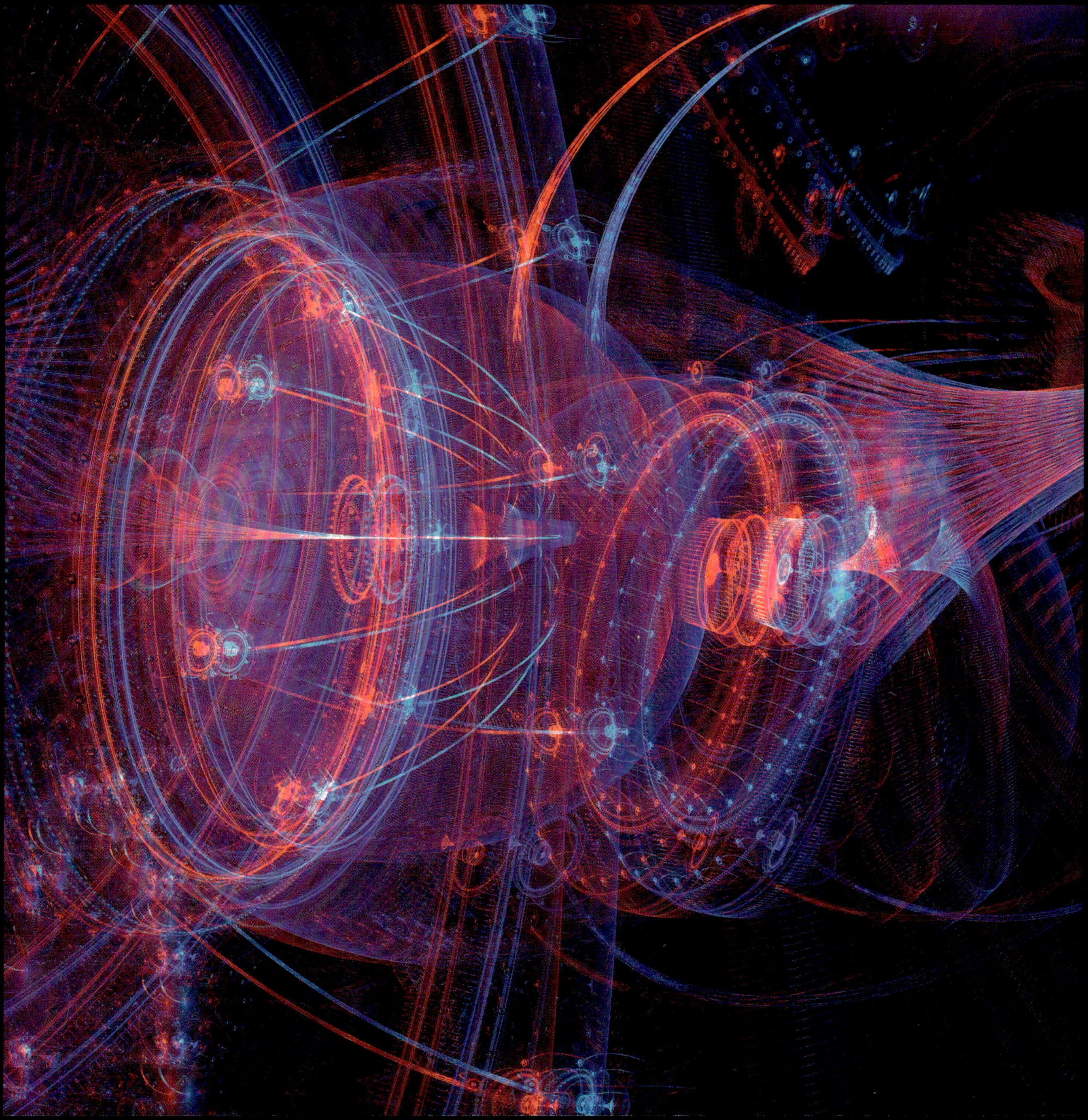

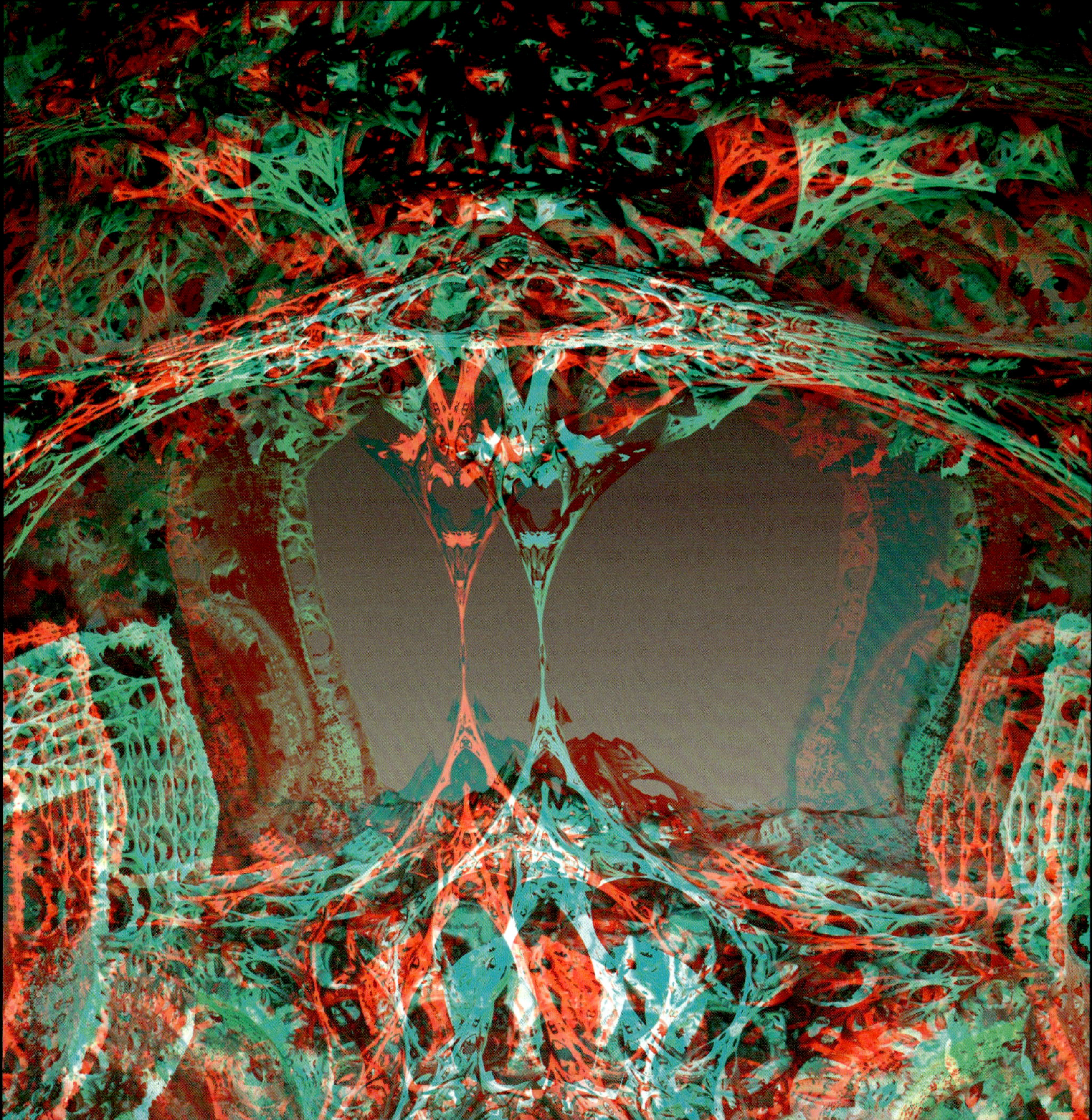

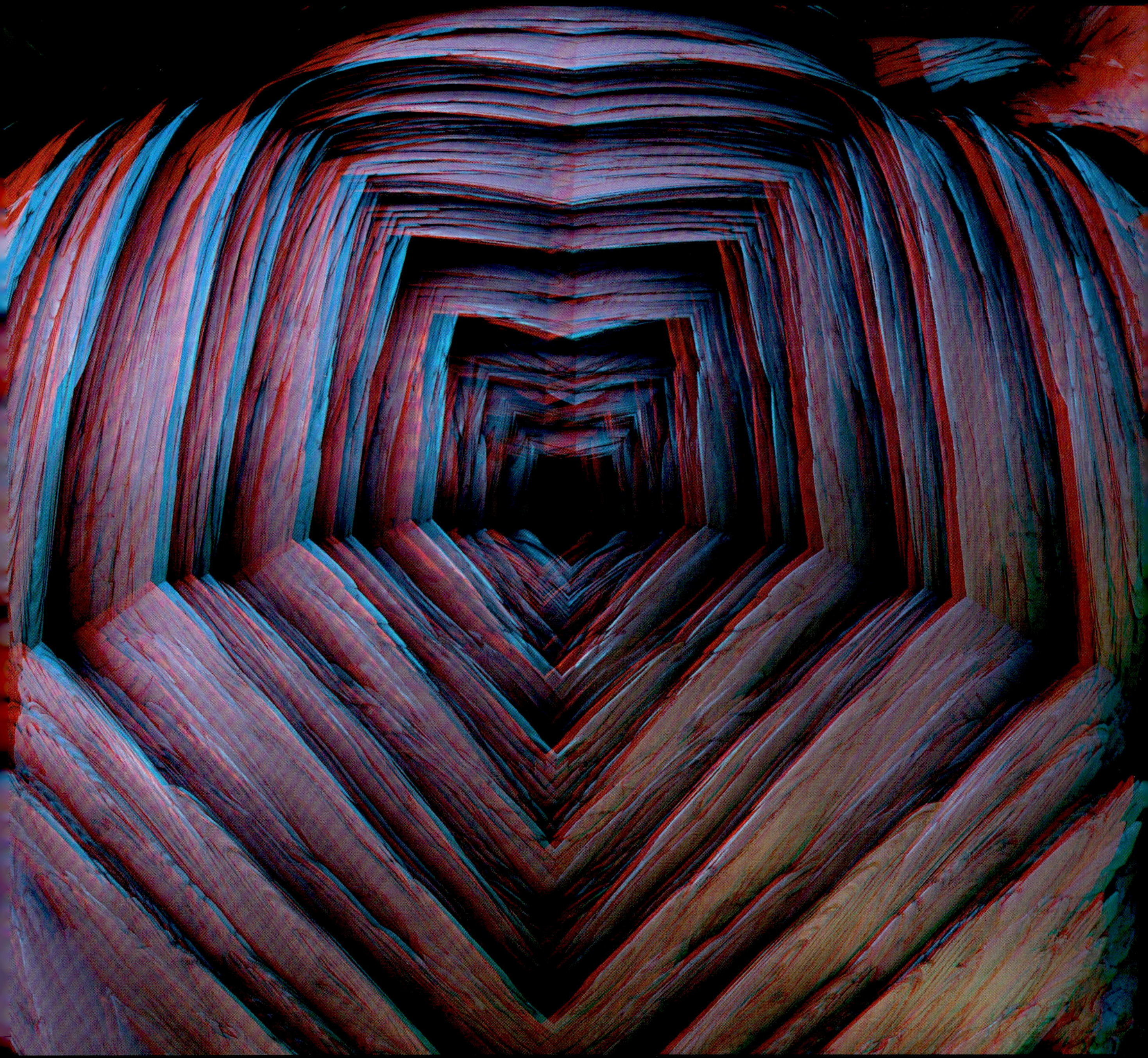

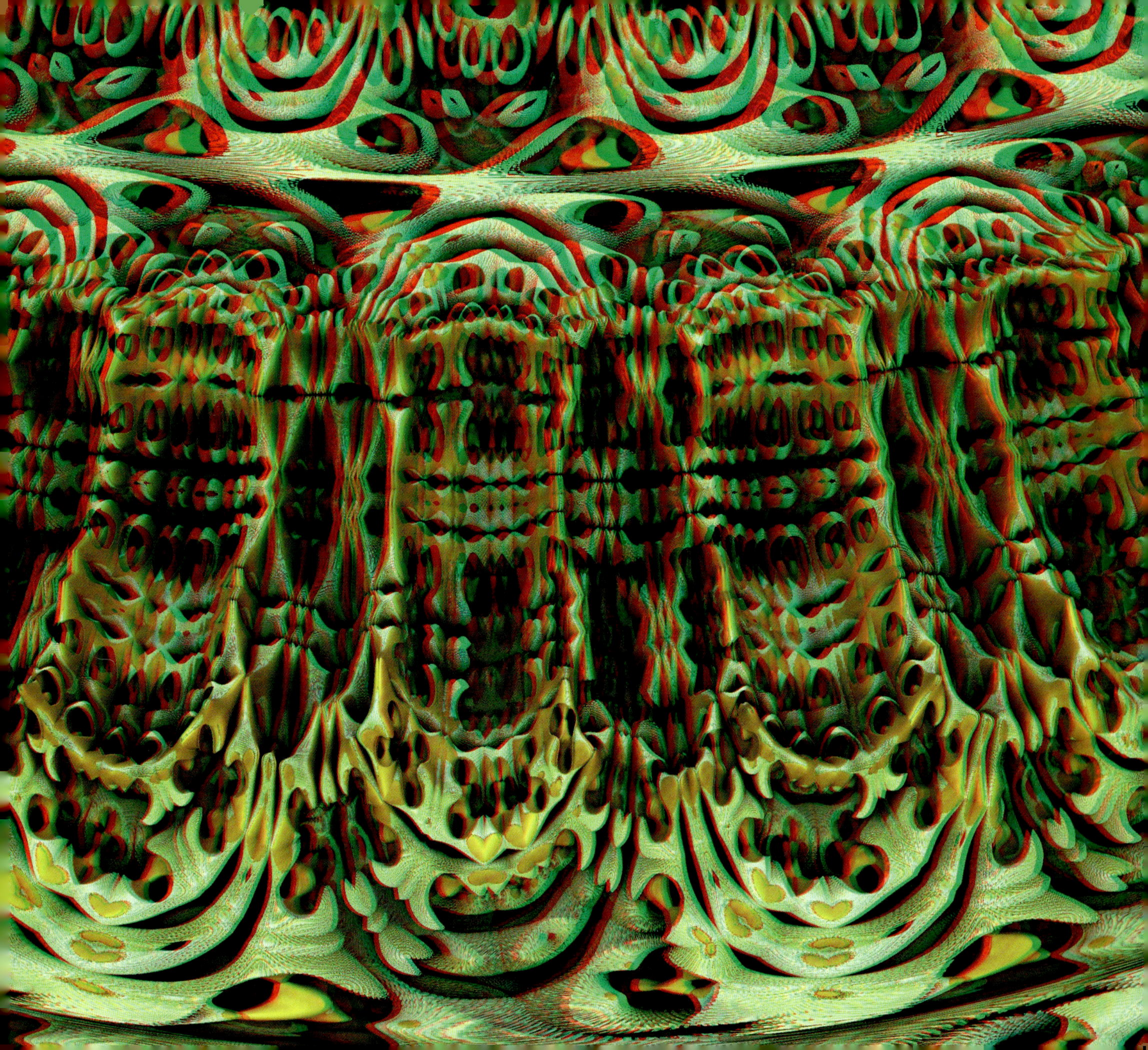

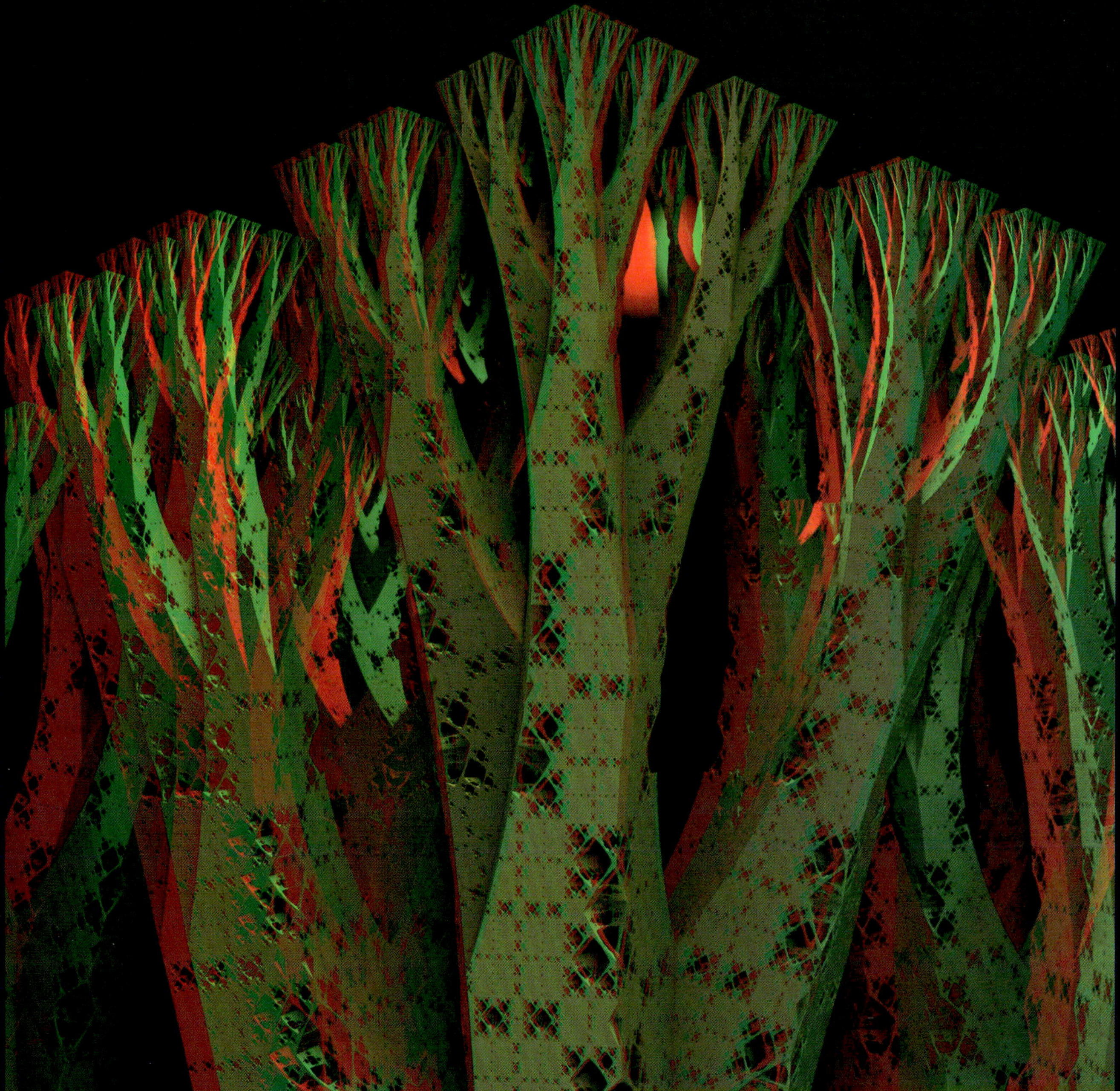

Anmerkungen

1. Clifford A. Pickover, *Das Mathebuch* (Librero IBP, 2014), S. 460.

2. Im deutschen Sprachraum wird die Mandelbrot-Menge auch oft als Apfelmännchen bezeichnet, Anm. d. Übers.

3. Pickover, *Das Mathebuch.*, S. 472.

4. FractalWorks ist ein Programm von Duncan Champney zur Erzeugung von Fraktalen für die Macintosh-Plattform. Inspiriert durch das Buch *The Beauty of Fractals* (1986) von Heinz-Otto Peitgen und Peter Richter, fokussiert FractalWorks auf Mandelbrot- und Julia-Mengen und bietet einige einzigartige Fähigkeiten: (1) Es ist multi-threaded, was den Vorteil nutzt, dass moderne Computer eine größere Anzahl von Prozessorkernen besitzen; (2) es nutzt Kontur-verfolgende Algorithmen, was das Rendering vieler Grafiken beschleunigt; (3) es führt die Farbzuordnung unter Nutzung eines Histogramms von Iterationszyklen zu einem Bild durch, das guten Kontrast in Gebieten bedeutender Details sichert, und den Kontrast in Bereichen reduziert, die sonst ein Chaos an Farben füllen würden; (4) es kann dreidimensionale Darstellungen auf der Grundlage von Iterationsdaten oder Abstandsabschätzungen erzeugen. Wenn jedem Punkt ein z-Wert zugeordnet ist, können die Werte als dreidimensionales Gebilde in OpenGL abgeleitet werden. Über die Farbzuordnung, zusammen mit realistischer, globaler und Spiegeleffekte berücksichtigender Beleuchtung, besitzt der Benutzer die volle Kontrolle. Diese 3D-Daten können unter Nutzung perspektivischer Projektionen präsentiert werden, entweder als stereoskopische Bilder, die mit einer Anaglyphen-Brille mit rot und blau getönten Gläsern betrachtet werden können, oder als Bilder für das linke und rechte Auge für andere Verfahren. Vollständig mit Bildmustern, die einige 3D-Bilder beinhalten und als Ausgangspunkt für die eigene Forschung dienen, ist FractalWorks im Mac App store (http://tinyurl.com/fractalworks) verfügbar.

5. Carl R. Spitznagel, "Julia Sets," *Mathematical Vignettes* (blog), 2000, http://www.jcu.edu/math/vignettes/Julia.htm

6. Technisch auch als Hausdorff-Dimension bezeichnet, nach dem deutschen Mathematiker Felix Hausdorff.

7. Dr. Jeannine Mosely konstruierte ein Modell eines Menger-Schwamms aus mehr als 65.000 Visitenkarten, das etwa 70 kg wog. Pickover, *Das Mathebuch*, S. 356.

8. Emilio Gomariz, "Scott Draves" (Interview), *Triangulation Blog*, 14 Januar, 2011, http://www.triangulationblog.com/2011/01/scott-draves.html

Quellen

Für Informationen zu Fraktalen und Algorithmen, zu deren Wiedergabe sowie betreffender Software sei auf die folgenden Bücher und Websites verwiesen:

Bücher

Briggs, J. *Fractals: The Patterns of Chaos.* New York, Simon & Schuster, 1992.

Gleick, J., *Chaos: Making a New Science.* New York: Penguin Books, 2008.

Lesmoir-Gordon, N., Rood, W., & Edney, R., *Introducing Fractals.* London: Icon, 2009.

Mandelbrot, B., *The Fractal Geometry of Nature.* New York: W. H. Freeman, 1982.

Peitgen, H., & Richter, *The Beauty of Fractals.* Berlin, New York: Springer-Verlag, 1986.

Pickover, C., *Das Mathebuch.* Kerkdriel: Librero IBP, 2014.

Pickover, C., *The Pattern Book: Fractals, Art, and Nature.* River Edge, NJ: World Scientific, 1995.

Websites

Apophysis 7X, http://apophysis-7x.org/

Chaoscope, http://www.chaoscope.org/

ChaosPro, http://www.chaospro.de/

Electric Sheep, http://electricsheep.org/

Fractal Foundation, http://fractalfoundation.org/resources/fractal-software/

Mandelbulb 3D, http://www.fractalforums.com/mandelbulb-3d/

Mandelbulber, http://www.mandelbulber.com/

MojoWorld, http://www.pandromeda.com/

Structure Synth, http://structuresynth.sourceforge.net/

Bildnachweis

© **Duncan Champney:** i, iv, 2, 5, 7, 8, 11–15, 16 (unten), 17 (oben), 18, 21–26, 28–31, 53, 75, 78, 79, 134

© **Aleksey Osipenkov (osipenkov.art@gmail.com):** 35 "Alien World 4," 36 "Tunnels of Nibiru," 44 "Keepers of Time," 46 "The Galactic Hologram," 47 "Gravitational Astronomy," 48 "Panspermia," 49 "Living Stones," 50 "At a Depth," 59 "The Emitter of Dreams," 80 "Wormhole," 81 "Io," 82 "Anatomy of a Cyber-brain," 83 "Tower of Shakti," 84 "Setebos," 85 "Floral Dreaming," 86 "Gardens on Nibiru," 87 "Antigravitator," 88 "Exoplanet GJ1214b," 91 "Bunker," 92 "Light," 93 "Weird the Dragon," 95 "Elevator to the Center of Nibiru," 108 "Planet the Puzzle," 113 "Spiderweb," 118 "The Astral Commutator," 120 "Alien World 3," 121 "City in the Astral," 122 "In an Orion Nebula," 142 "Pass to Eden," 143 "Cosmos Labyrinths," 156 "In Distant Space"

© **S. Rathinagiri:** iii, 33, 34, 38–43, 45, 51, 52, 56, 58, 60–62, 66–74, 77, 89, 90, 94, 95–107, 109–112, 114–117, 119, 124–126, 129–133, 136, 137, 139–141, 145–153

© **Fernando Vallejo:** 4, 6, 9, 10, 16 (oben), 17 (unten), 19, 27, 54, 55, 57, 63–65, 76, 123, 127, 128, 135, 138, 144

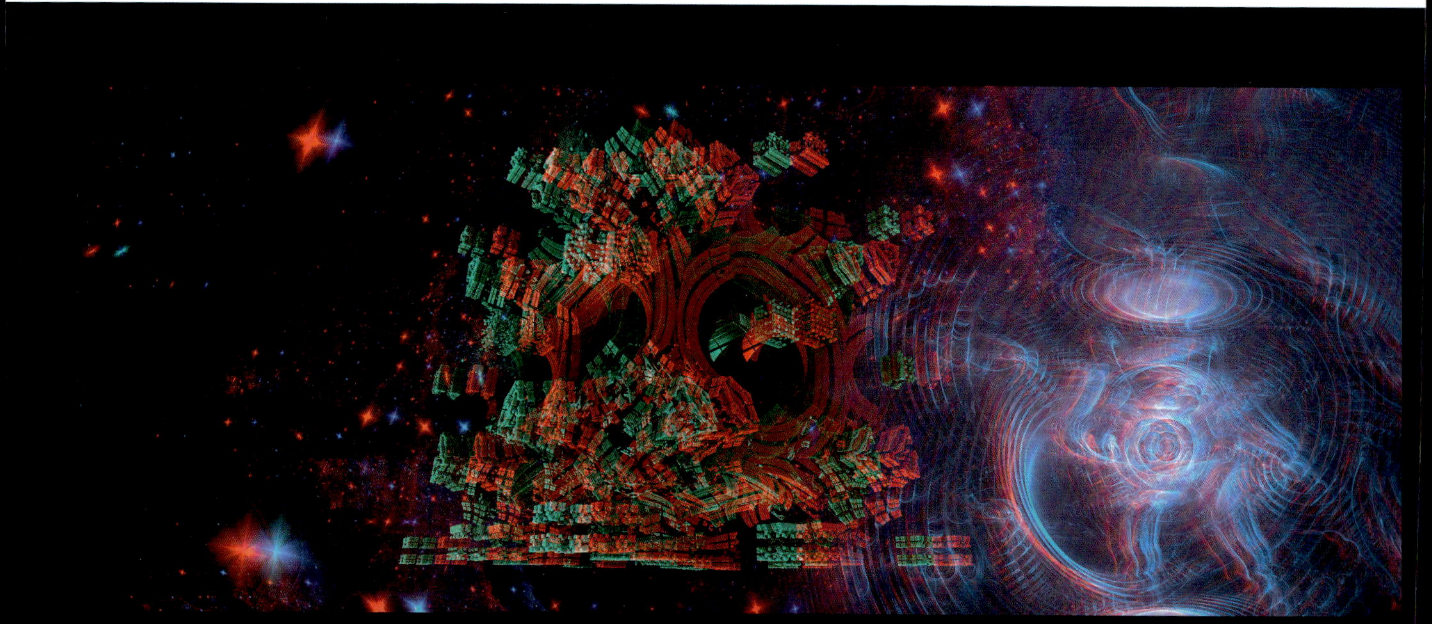